Allgemeine Fachkunde
für graphische Berufe
Schrift Bild Druck

Allgemeine Fachkunde für graphische Berufe

Karl Reißberger

Schrift Bild Druck

Geschichte des Buches
Entwicklung der Schriften
Ziffern
Herstellung des Satzes
Reproduktionsphotographie
Druckformen
Druckverfahren
Bucheinband
Photographie
Druckgraphiken
Österreichs Druckergeschichte
Bibliotheksgeschichte
Österreichische Bibliotheken

Österreichischer Gewerbeverlag Wien 1977

Laut Bescheid des Bundesministeriums für Unterricht und Kunst mit Zahl 24.402/1/14a/75 vom 10. März 1977 zum Unterrichtsgebrauch an Berufsschulen für Lehrberufe graphischer Richtung im Fachunterricht und an Höheren technischen und gewerblichen Lehranstalten Abteilung Reproduktions- und Drucktechnik, für den 1. — 5. Jahrgang im Gegenstand Fachkunde und Werkstätte geeignet erklärt.

Die Illustrationen entstammen dem Bildarchiv der Graphischen Sammlung Albertina und der Österreichischen Nationalbibliothek oder wurden vom Verfasser beigestellt.

ISBN — 3 85207 — 725 — 7

Druck: Walter Hötzenberger, Wien III.

Vorwort

Meiner Arbeit darf ich einen aufrichtigen Dank voranstellen. Ich sage ihn allen, die mich bei der Erarbeitung des umfangreichen Gebietes, das Schrift, Bild und Druck in Historie und Gegenwart umschließt, unterstützt haben. Zu danken habe ich jenen, von denen ich gelernt, den Fachkräften, die mir aus ihrem reichen Wissen Gespräche und direkte Mitarbeit gewidmet haben, den Persönlichkeiten, die mir das Quellenstudium ihrer geschätzten Werke gewährten, und nicht zuletzt dem nächsten, dem menschlichen Kreis, der mein Schaffen durch alle Fährnisse behütet hat.

Die vorliegende Arbeit möchte helfen, aus einer Fülle von Stoff grundlegendes Wissen zu erschließen. Schon aus diesem Grundwissen allein kann ein angemessener Bildungswert entstehen, einer aus Mosaiksteinchen gelegten Basis gleich. Wer jedoch innerhalb des gesamten Wissensgebietes spezielle Studien betreibt, dem soll die Arbeit als orientierender Behelf dienen. Dies scheint gerade in einer Zeit wie der gegenwärtigen geboten, in der sich eine Fülle von Entwicklungen vollzieht, deren Ziele und Grenzen oft noch nicht zu erkennen sind. So gilt es, das Geschehen tätig mitzuerleben, um Zukünftigem vorbereitet begegnen zu können.

An dem selbst zugemessenen Umfang des Buches lag es, eine knappe sprachliche und bildhafte Darstellung zu suchen. Es darf angenommen werden, daß dies in der Zeit der Informationsfülle Verständnis findet. Wünschenswert wäre, wenn gerade das Hinweisen auf das Schöne in den aufgezeigten Themen die Beziehung des Historischen zum Gegenwärtigen näherbrächte und verständlich machte. Möge dieses Buch seinem Besitzer viel Nutzen bringen, den Wert der Bildung als Teil unseres Lebensinhaltes erkennen lassen und schließlich durch Betrachten, Lesen und Lernen viel Freude bescheren.

Der Verfasser

Wien, im Sommer 1977

Inhaltsübersicht

I Aus der Geschichte des Buches

Vorgeschichte

Das Drucken von Büchern, die Erfindung Gutenbergs, kann nicht als etwas Selbständiges betrachtet werden. Interessanter Hintergrund, aus dem der Buchdruck erwächst, ist die Vorgeschichte der beweglichen Lettern und der Handpresse. Sie beginnt beim Versuch des Urmenschen, sich mit einfachen Lauten zu verständigen. Später erhalten Ereignisse von Bedeutung in bildhaften Darstellungen einen besseren und vor allem bleibenden Ausdruck. Man findet sie als Höhlenzeichnungen, Bilder auf Tierhäuten oder als einfache Plastiken, manchmal nur in Form von Marksteinen.

Papyrusblatt

Allmählich lösen sich die Darstellungen in einzelne Bilder auf, die zu Symbolen werden. Dadurch kann man sie wieder verwenden, oder umgekehrt, sie prägen sich ein, sie werden zu Gebrauchszeichen. So entsteht die Bilderschrift und aus dieser über die Silbenschrift schließlich die Lautschrift. Sie bildet die Grundlage, auf der sich das Buch im abendländischen Kulturraum entwickelt.
Im gleichen Maße wie die geistigen Voraussetzungen interessieren den Gestalter die Entwicklungen des Materials bis zur Herstellung des heutigen Buches. Es sind dies die Beschreibstoffe, Schreibgeräte, Schreibflüssigkeiten, die Formen des Buches mit den Möglichkeiten der Ausstattung und der Einband.

Papyrus war jahrhundertelang der bedeutendste Beschreibstoff im griechisch-römischen Kulturbereich. Das Material wurde aus der Papyrusstaude gewonnen, einer Sumpfpflanze, die vor allem im Nildelta wuchs. Das Mark aus dem Stengel, in dünne Streifen geschnitten, legte man zuerst nebeneinander und in zweiter Lage rechtwinkelig darüber. Sodann klopfte und preßte man beide Schichten, bis sie ein Blatt bildeten. Umfangreiche Texte machten es notwendig, mehrere Einzelblätter aneinanderzukleben, wodurch eine Rolle — die Papyrusrolle — entstand. Bereits im 4. Jahrtausend v. Chr. waren Papyrusrollen bekannt; die ältesten beschriebenen Papyri stammen aus dem 3. Jahrtausend. Papyrus als Beschreibstoff fand bis ins 11. Jahrhundert Verwendung.

Pergament ist eine Tierhaut, jedoch ohne Gerbung. Die Tierhaut kam in eine Kalklösung, wurde nach einigen Tagen daraus entnommen, glatt geschabt und in einem Kalkbad gereinigt. Abschließend mußte die Haut gespannt, getrocknet und geglättet, eventuell gefärbt werden. Für die Qualität des Pergaments war — neben der Bearbeitungsweise — die Wahl des Tieres (Kalb, Schaf, Ziege, Esel) maßgebend. Besonders fein und daher kostbar waren die Häute von jungen Tieren.

Pergamenter, um 1700
Kupferstich

Deutscher Papierer
Holzschnitt von Jost Amman
Aus: „Eigentliche Beschreibung aller Stände auf Erden“
Frankfurt a. M., 1568

Die ältesten bekannten beschriebenen Pergamentstücke entstammen dem 2. Jahrhundert v. Chr. An Pergamenthandschriften gibt es viele wunderbare Beispiele, wie den Codex argenteus (aufbewahrt in Uppsala, Schweden) oder die Wiener Genesis. Das Material findet immer noch — wenngleich heute wohl selten — Verwendung, beispielsweise für Urkunden.

I

Papier
Schreibgerät
Schreib-flüssigkeiten

Papier, der dritte Beschreibstoff, reicht in seiner Erfindung durch die Chinesen bis in die vorchristliche Zeit zurück. Zum Unterschied von Papyrus und Pergament führt die Papiererzeugung fächerförmig zu sehr vielen und unterschiedlichen Arten. Doch nicht allein die Papiersorten sind vielfältiger geworden, auch die Formate, reichen diese doch vom handgeschöpften Blatt bis zur Papierrolle, die im Rollendruckverfahren mit anschließender Fertigung in einem fortlaufenden Arbeitsprozeß zum Endprodukt verarbeitet wird.

Das Schreibgerät, das schon im Altertum Verwendung fand, war das Schreibrohr. Dieses wurde gespitzt und die Spitze durch einen feinen Schnitt geteilt (es ähnelt somit der heute verwendeten Metallfeder). Mit Messer oder Bimsstein konnte die Rohrfeder nachgespitzt oder nachgeschliffen werden. Im Mittelalter löste die Gänsefeder die Rohrfeder ab, deren Funktion die Metallfeder, in verschiedensten Profilen ausgeführt, übernahm.

Die Schreibflüssigkeiten — schon im Altertum zum Beschreiben von Papyri bekannt — bestanden vornehmlich aus schwarzer Tinte, doch auch rote Tinte wurde verwendet, teilweise Silber- und Goldtinte.

Papyrusrolle, 2. Jahrhundert, zum Lesen geöffnet

I

Form des Buches Buchausstattung Einband

Kodexfragment, 6. Jahrhundert

Die Form des Buches in der Antike ist die schon erwähnte Rolle aus Papyrus. Die Texte wurden auf der Papyrusrolle kolumnenweise geschrieben. Während des Lesens entrollte man mit der rechten Hand die Papyrusrolle, während man sie mit der linken Hand wieder zusammenrollte. War die Buchrolle zur Gänze gelesen, so wurde sie für den neuerlichen Gebrauch zurückgerollt. Die Anordnung der Textspalten sah bereits eine Raumverteilung vor, so die Abstände der ersten und der letzten Zeile zu den Papyrusrändern sowie das Maß der Spaltentrennung. Auch Anfang und Schluß des Buches fanden in der Einteilung eine entsprechende Beachtung. Der Inhalt des Buches wurde außen auf verschiedene Weise vermerkt, einem Umschlagtitel ähnlich. Die Form der Schriftrolle hat sich vereinzelt — etwa im Bereiche der Urkunden — bis heute erhalten.

Wesentlich jünger als die Buchrolle ist die Form des Kodex, gekennzeichnet durch Hintereinanderfügen von Blättern. Die Geschichte der Kodizes ist noch nicht restlos erforscht; sie beginnt mit den wachsüberzogenen Holztafeln, die „beschrieben" wurden. Aus mehreren solchen Wachstafeln setzte sich dann der ursprüngliche Kodex zusammen. Papyrus wurde — offenbar wegen seiner geringen Eignung zum Heften — selten zu Kodizes gebunden, zum Unterschied von Pergament oder später Papier. Vom 4. Jahrhundert an — zeitgleich mit der Anerkennung des Christentums — verdrängt der Kodex die Buchrolle und wird zur ausschließlichen Buchform. Mit dem Kodex entwickelte sich die Möglichkeit der Buchausstattung, die sich in Schriftgestaltung, Buchschmuck, wie Initialen, Zierleisten und Randornamenten, zeigt sowie in Buchmalereien, die bis zur Größe von Vollbildern ausgeführt werden. Zum Unterschied von der Aufbewahrungsart der Buchrolle — Verschnüren, Versiegeln oder Einstecken in eine Kapsel — bietet der Einband des Kodex ein Thema der Gestaltung in verschiedenster Art, die bei kostbaren Werken mitunter die Besetzung des Bucheinbandes mit Edelsteinen vorsieht.

I

Buchausstattung
Einband

Prachteinband aus dem Kloster St. Paul im Lavanttal, Kärnten. Darstellung Krönung Mariä. Silberrelief vergoldet. Französische Arbeit, um 1260

Eines der hervorragendsten Werke der Buchmalerei. René v. Anjou: Livre du Cuer d'Amours Espris (franz.), Pergament 290 x 207 mm. Um 1465 vom René-Meister

Bild allein als Aussage. St. Christoph, Holzschnitt, 15. Jahrhundert

Weitere Entwicklung

Die Kunst des Bücherschreibens gelangte im Mittelalter zu höchster Blüte. Besonders in Klöstern, aber auch an Orten mit hohen Schulen oder an Fürstenhöfen wurde das Schreiben gepflegt. In den Klöstern schritt man bisweilen schon zur Arbeitsteilung: es gab Textschreiber, Titelschreiber (Rubricatores), die Maler der Initialen und Randornamente (Illuminatores) sowie die Maler der Illustrationen, der Miniaturen (Miniatores).
Das Material, auf dem geschrieben und gemalt wurde, war meist Pergament, doch verwendete man auch Papier. Die Kunst des Buchschreibens fand in der Kunst des Buchbindens eine wunderbare Ergänzung.

I

Holzschnitt
Metallschnitt
Reiberdruck
Blockbuch

Bild mit Schrift. St. Helena, Holzschnitt, Mitte 15. Jahrhundert

Bereits in der Antike versuchte man, Zeichen, Schriften und auch Worte zu vervielfältigen (man denke an das Prägen von Stempeln auf Ziegel, Gravuren in Ringe oder die Münzprägung). Eine weitere Stufe erreichte man durch Verwendung von Schablonen, die Anfang des 15. Jahrhunderts von groben, erhaben geschnittenen Konturenbildern in Metall und Langholz abgelöst wurden. Diese einfachen Darstellungen – vornehmlich Heiligenbilder und Spielkartenmotive – waren auch Leseunkundigen verständlich. Manchmal wurde einem Bild eine Unterschrift, ein Schriftband oder ein Denkspruch beigefügt. Schließlich entstanden auch Schrifttafeln ohne Bilder. Von ihnen druckte man ganze Bücher, beispielsweise die Donate (Unterrichtsbücher zur Erlernung der lateinischen Sprache, genannt nach dem römischen Grammatiker Aelius Donatus).

Schrift mit Bild als Illustration. Planetenbuch, Darstellung der Sonne und der Sonnenkinder. Holzschnitt, im Original koloriert. Blockbuch, um 1470.

Von solchen Metall- oder Holztafelschnitten hat man sogenannte Reiberdrucke hergestellt. Die Farbe wurde mittels eines Lederballens (Tampon) auf die Druckstöcke aufgetragen. Sodann legte man Papier auf den Druckstock und drückte es mit einem sauberen Lederballen, dem Reiber, an, wodurch der Druck entstand. Die einseitigen Reiberdrucke wurden oft mit den unbedruckten Rückseiten zusammengeklebt, so daß beidseitig bedruckte Schriftblätter entstanden. Man hat diese Blätter dann zu sogenannten Blockbüchern gebunden.
Demnach wurden in den ersten Jahrzehnten des 15. Jahrhunderts sowohl prachtvoll geschriebene und illustrierte, oft wertvoll gebundene Bücher als auch die von Holztafeln gedruckten Blockbücher hergestellt. Dem ständig größer werdenden Bedarf an Büchern konnten jedoch diese althergebrachten Arbeitsweisen nicht mehr entsprechen.
Erst die Erfindung Gutenbergs brachte eine neue, revolutionierende Art der Vervielfältigungstechnik. Sie war von Anfang an so ausgereift, daß sie jahrhundertelang ihren Zweck erfüllen konnte, ohne daß es einer Weiterentwicklung bedurft hatte.

I

Blockbuch

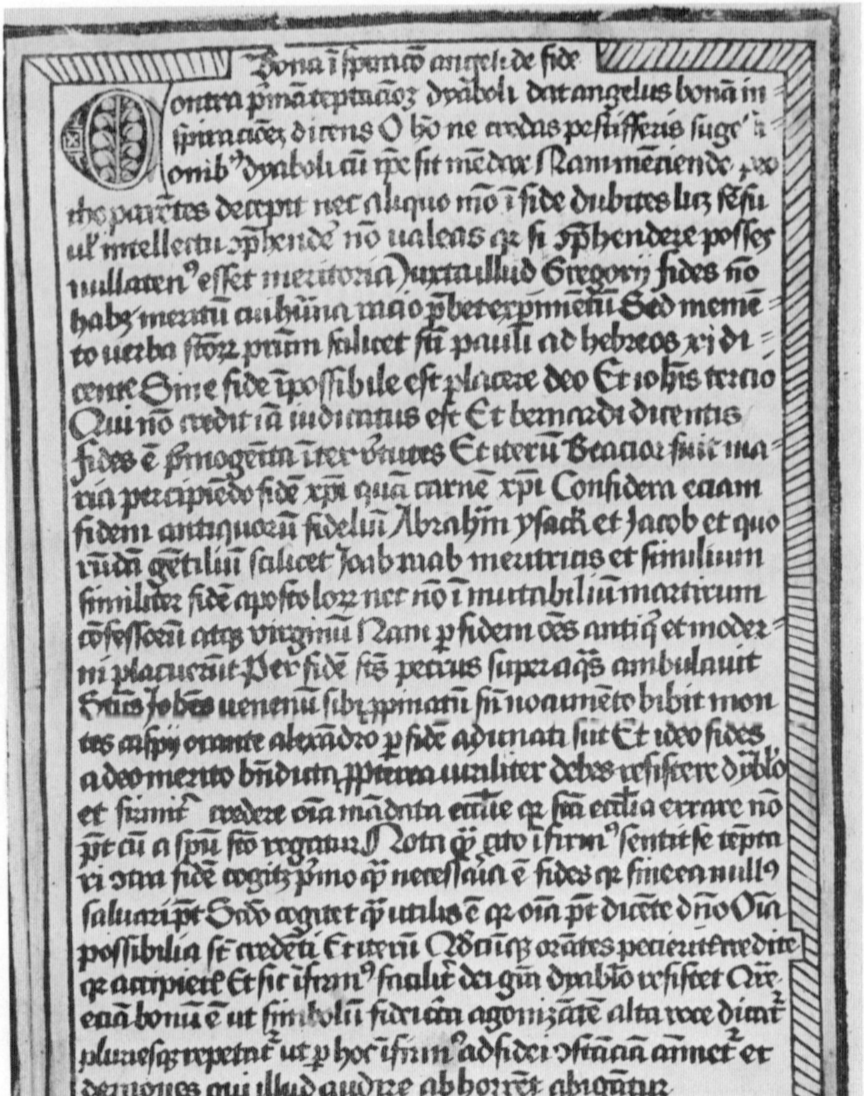

Schrift allein. Die Buchseite in Holz geschnitten — man beachte das Ende der fünften Zeile von unten. Aus „Ars morendi", dem am weitesten verbreiteten Blockbuch, um 1470

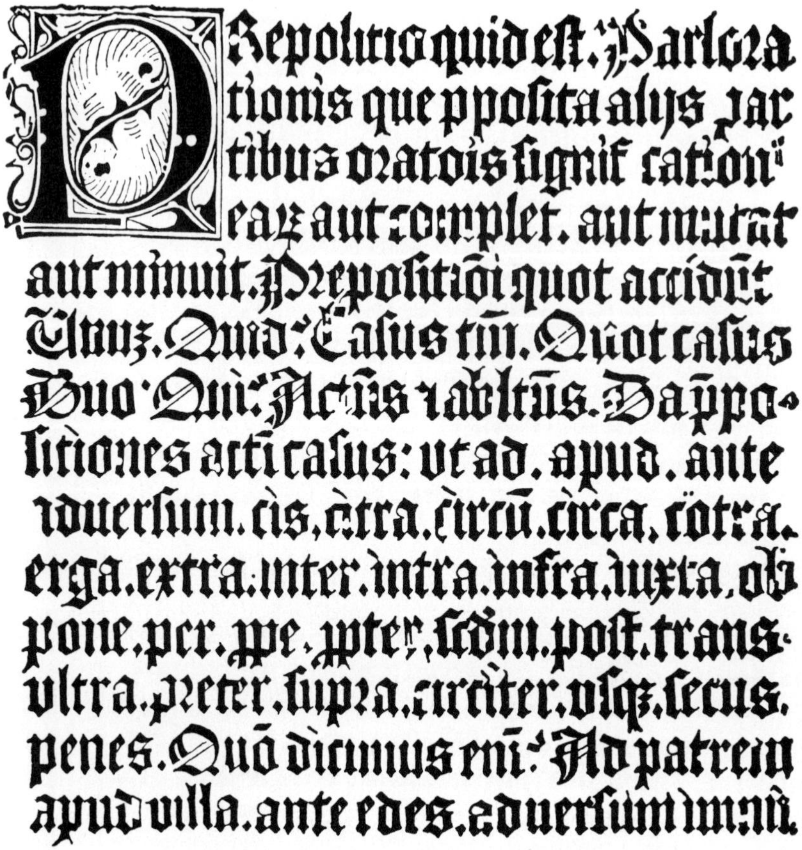
Prepositio quid est? Parsora
tionis que pposita aliis par
tibus oratois signif catioi
earu aut complet. aut mutat
aut minuit. Prepositioi quot accidut
Unu. Quid? Casus tm. Quot casus
Duo. Qui? Actus et ablatus. Da ppo
sitiones acti casus: ut ad. apud. ante
adversum. cis. citra. circu. circa. cotra.
erga. extra. inter. intra. infra. iuxta. ob
pone. per. pe. pter. scdm. post. trans.
ultra. preter. supra. circiter. usqz. secus.
penes. Quo dicimus eni? Ad patrem
apud villa. ante edes. adversum inimi.

In Gegenüberstellung: Geschnittene Schrift (Merkmale!). Holztafel-Donat

Johannes Gutenberg und seine Erfindung

Johannes Gutenberg wurde um das Jahr 1397 — die Forschung konnte bis jetzt das Geburtsjahr nicht genau ermitteln — in Mainz geboren. Von väterlicher und auch mütterlicher Seite entstammte Gutenberg angesehenen Patrizierfamilien, in deren Geschlechterfolge Männer aufscheinen, die Bürgermeister und Ratsherren ihrer Vaterstadt waren. Gutenbergs Vater war Friele Gensfleisch; manchmal auch nach einer Nebenlinie der Familie „zur Laden" genannt. Die Mutter, Else Wyrich (Wirich), erbte nach ihres Vaters Tod den Hof „zum Gutenberg". Nach diesem Hofe hat sich dann die Hauptlinie der Gensfleisch den Namen „zum Gutenberg" beigelegt. Der Ehe entstammten die Kinder Friele, Johannes (urkundlich auch Johann, Henchin oder Hans genannt) und Else.

Der junge Gutenberg erlernte das Goldschmiedehandwerk. In seinem Beruf hatte Gutenberg Gravuren von Buchstaben auszuführen, er lernte Metalle legieren und gießen und wurde mit

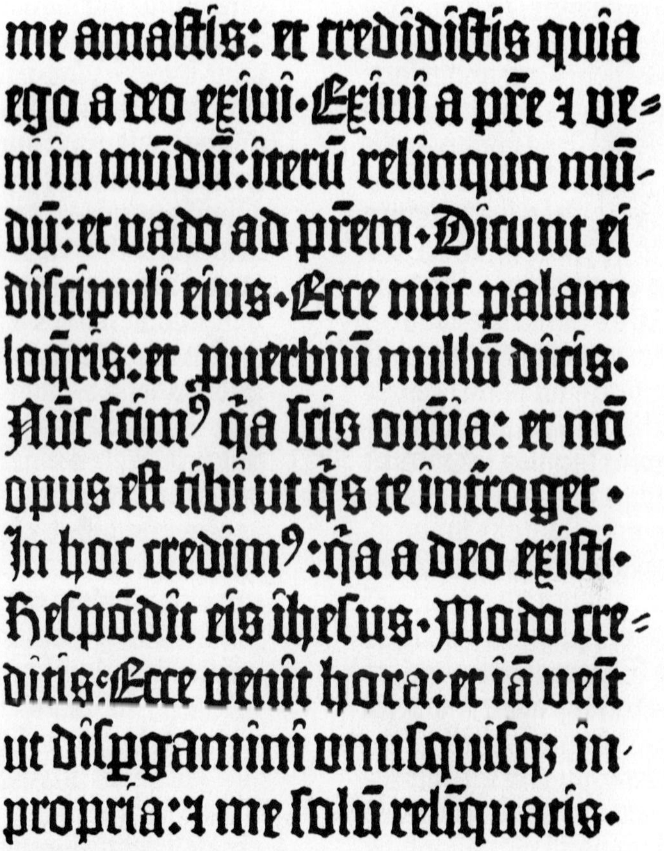
me amaſtis: et credidiſtis quia
ego a deo exiui. Exiui a pr̄e ⁊ ve=
ni in mūdū: iterū relinquo mū-
dū: et vado ad pr̄em. Dicunt ei
diſcipuli eius. Ecce nūc palam
loq̄ris: et ꝓuerbiū nullū dicis.
Nūc ſcim⁹ q̄a ſcis om̄ia: et nō
opus eſt tibi ut q̄s te īt̄roget.
In hoc credim⁹: q̄a a deo exiſti.
Reſpōdit eis iheſus. Modo cre=
ditis: Ecce venit hora: et iā venit
ut diſpgamini unuſquiſq; in-
propria: ⁊ me ſolū relinquatis.

Gesetzte Schrift, 36zeilige Bibel. Man vergleiche mit der linken Seite

vielem anderen, wie dem Punzieren — das dem Schlagen des Stahlstempels in das Kupferklötzchen, also der Herstellung der Matrize ähnlich ist —, vertraut. Diese Tätigkeiten mögen ihn früh auf den Gedanken gebracht haben, gegossene Lettern herzustellen, die immer wieder zu verwenden sind.

Im Jahre 1420 war es in Mainz zu einer offenen Fehde der Bürgerschaft gegen die Stadtaristokratie gekommen. Sie endete damit, daß dem Adel Bußen auferlegt wurden, die zur Ausweisung und Abwanderung junger Patrizier führten. Dieses Schicksal teilte auch Gutenberg, doch ist nicht näher bekannt, wohin er sich zunächst wandte.

Erst vierzehn Jahre später tauchte der Name Gutenberg in Straßburg auf. Eine Urkunde berichtet, daß er am 14. März 1434 — weil ihm seine Vaterstadt eine Rente aus dem Nachlaß seines Bruders Friele nicht gezahlt hatte — den in Straßburg anwesenden Mainzer Stadtschreiber Nikolaus von Werstat in Schuldhaft nehmen ließ. Gutenberg muß damals, konnte er solches veranlassen, wohl schon ein angesehener Bürger der Stadt Straßburg gewesen sein,

Die beiden folgenden Seiten zeigen Vorbild und Nachbildung. Man beachte die Ähnlichkeit von Schriftform und Seitengestaltung. — Links: Wenzelsbibel, 1399. Rechts: 42zeilige Bibel, 1455

Incipit epistola sancti iheronimi ad
paulinum presbiterum de omnibus
divine historie libris. capitulū pmū.

[F]rater ambrosius
tua michi munus-
cula pferens. detulit
sil et suavissimas
lrās. q̄ a principio
amicicias. fidē pba-
te iam fidei ⁊ veteris amicicie noua:
pferebant. Vera enī illa necessitudo ē.
⁊ xp̄i glutino copulata. q̄m non utili-
tas rei familiaris. nō p̄ncia tantum
corpoꝝ. nō subdola ⁊ palpās adulacō.
sed dei timor. et divinaꝝ scripturarū
studia conciliant. Legim⁹ in veteribꝫ
historijs. quosdā lustrasse p̄uincias.
novos adijsse pplos. maria trāsisse.
ut eos quos ex libris noverant: corā
q̄ꝫ viderēt. Sicut pitagoras memphi-
ticos vates. sic plato egiptū. ⁊ architā
tarentinū. eandēq̄ꝫ oram ytalie. que
quondā magna grecia dicebat̄: labo-
riosissime peragrauit. et ut qui athenis
mgr̄ erat. ⁊ potens. cuiusq̄ꝫ doctrinas
achademie gignasia psonabāt. fieret
peginus atq̄ꝫ discipulus. malēs aliena
verecūde discere: q̄m sua ipudent̄ ingerē.
Deniq̄ꝫ cū lrās quasi toto orbe fugien-
tes psequit̄. capt⁹ a piratis ⁊ venūda-
tus. tyrāno crudelissimo paruit. duct⁹
captiuus vinct⁹ ⁊ servus. Tamē quia
phūs maior emente se fuit. ad tytum
liuiū. lacteo eloquēcie fonte manantē.
de ultimis hispanie galliarūq̄ꝫ finibꝫ.
quosdam venisse nobiles legimus. ⁊
quos ad ꝯtemplacionē sui roma nō
traxerat: unius hoīs fama pduxit. Ha-
buit illa etas inauditū ōnibꝫ seculis.
celebrandūq̄ꝫ miraclm. ut urbē tantā
ingressi: aliud extra urbem quererent.
Apolloni⁹ sive ille mag⁹ ut vulgus
loquitur. sive phūs. ut pitagorici tra-
dunt. intrauit psas. ptrāsiuit caucasū.
albanos. scithas. massagetas. opulē-
tissima indie regna penetrauit. et ad
extremum latissimo phison amne
trāsmisso puenit ad bragmanas. ut
hyarcam in throno sedētē aureo et de
tantali fonte potantem. inter paucos
discipulos: de natura. de moribꝫ. ac de
cursu dierꝫ et siderꝫ audiret docentem.
Inde p elamitas. babilonios. chalde-
os. medos. assyrios. parthos. syros.
phenices. arabes. palestinos. reuersus
ad alexandriā: perrexit ad ethiopiā.
ut gignosophistas ⁊ famosissimam
solis mensam videret in sabulo. In-
uenit ille vir ubiq̄ꝫ qd disceret. et semp
pficiēs. semp se melior fieret. Scrip-
sit super hoc plenissime octo volumi-
nibus: phylostratus.

II

[Q]uid loquar de seculi hominibꝫ.
cū aplus paulus: vas electōnis.
⁊ magister gencium. qui de consciencia
tāti i se hospitis loquebat̄ dicēs. An
experimentū queritis eius qui in me
loquit̄ xp̄c. Post damascū arabiāq̄ꝫ
lustratā: ascēdit iherosolimā ut videret
petrū ⁊ mansit apud eū diebꝫ quindecī.
Hoc enī mistio ebdomadis et ogdo-
adis: futur⁹ gencium p̄dicator instruen-
dus erat. Rursumq̄ꝫ post ānos q̄tuor-
decim assumpto barnaba et tyto: expo-
suit cū aplis evāgeliū. ne forte in va-
cuum curreret aut cucurrisset. Habet
nescio qd latentis energie: vive vocis
actus. et in aures discipli de auctoris
ore transfusa: forcius sonat. Unde et
eschineus cū rodi exularet. ⁊ legeretur

hebreicam in id est verba dierū interpre
tatus sum idcirco feci: ut inextricabiles
moras et siluam nominū q̄ scriptoꝝ
confusa sunt vicio· sensuumq̄ barba
riem apertius et versuū cola digererē:
michi metipsi ⁊ meis· iuxta ismenium
canēs· si aures surde sūt ceteroꝝ. Incipit
liber paralipomenon primus· I·

[A]dā seth enos caynan
malalehel iared e-
noch matusale la-
mech noe sem cham
⁊ iafeth. Filij iafeth:
gomer magog ma-
dai et iauan thubal mosoch thiras.
Porro filij gomer: ascenez et riphat et
thogorma. Filij autem iauan: elisa
et tharsis cethim et dodanim. Filij
cham: chus et mesraim phut ⁊ chana-
an. Filij autem chus: saba· et euila
sabatha et regma et sabathaca. Por-
ro filij regma· saba ⁊ dadan. Chus au-
tem genuit nemroth. Iste cepit esse po-
tens in terra. Mesraim vero genuit lu-
dim et anamim et laabim ⁊ nepthu-
im: phethrusim quoq̄ et casluim de
quibꝫ egressi sunt philistijm ⁊ capthu
rim. Chanaan vero genuit sydonem
primogenitum suum: etheum quoq̄
et iebuseum et amorreū et gergeseum
eueumq̄ et aracheum ⁊ asineum ara-
dium quoq̄ et samareum et emathe-
um. Filij sem: elam et assur. Et arfa-
xad· et lud ⁊ aram. Filij aram: hus ⁊
hul· et gether· et mes. Arfaxat autem
genuit salē: et ipse genuit heber. Por-
ro heber nati sūt duo filij: nomen uni
phaleg quia in diebus eius diuisa ē
terra: et nomen fratris eius iectan. Ie-
ctan autem genuit elmodad ⁊ saleph
et asermoth et iare: aduram quoq̄ ⁊
uzal et de ela ebal etiā et abimael et
saba· necnō et ophir· et euila· ⁊ iobab.
Omnes isti filij iectan sem arfaxat sa
le heber phalech ragau· seruch nachor
thare abram: iste est abraham. Filij
autem abraham: isaac et ismahel. Et
hee generationes eorum. Primogeni-
tus ismahelis nabaioth: et cedar ⁊ ab-
dehel et mabsan et masma et duma
massa adad et thema iathur naphis
cedma. Hij sunt filij ismahelis. Filij
autem cethure concubine abraham
quos genuit: zamram iecsan madan
madian iesboc et sue. Porro filij iec-
san: saba ⁊ dadan. Filij autē dadan: asu-
rim et lathusim ⁊ loomim. Filij autē
madian: epha et epher· ⁊ enoch ⁊ abi-
da ⁊ eldaa. Omēs hij filij cethure. Ge-
nerauit autē abraham isaac: cuius fue-
runt filij esau ⁊ isrl. Filij esau: eliphaz
rahuel iehus ielon chore. Filij eliphaz:
theman· omar· zepphi· gothan ce-
nez thamna amalech. Filij rahuel:
naath zara samma meza. Filij seir:
lothan sobal sebeon· ana· dison· eser di-
san. Filij lothan: horri· ahoiman.
Soror autem lothan fuit thamna. Fi-
lij sobal: alian ⁊ manaath· et ebal et se-
phi· onan. Filij sebeon: ahaia et ana.
Filij ana: dison. Filij dison: hama-
ran ⁊ eseban· ⁊ iethran ⁊ charran. Filij
eser: balaan· ⁊ zaban et iachan. Filij di-
san: us ⁊ aran. Isti sunt reges qui im-
perauerunt in terra edom: anteq̄ esset
rex super filios israhel. Bale filius be-
or: ⁊ nomē ciuitatis eius denaba. Mor-
tuus est autem bale: ⁊ regnauit pro eo
iobab filius zare de bosra. Cumq̄ ⁊ io-
bab fuisset mortuus: regnauit pro eo
husan de terra themanorum. Obijt
quoq̄ ⁊ husan: ⁊ regnauit ꝓ eo adad
filius badad qui percussit madian in
terra moab: ⁊ nomen ciuitatis eius

Inzwischen erließ der Erzbischof Konrad III. (28. März 1430) eine neue „Rachtung“ (Rechtsprechung), die den ausgewanderten Adeligen die freie Rückkehr nach Mainz zusicherte. Obgleich auch Henchen zu Gutenberg in diesem Zusammenhange genannt wurde, machte dieser von seinem Rechte zunächst keinen Gebrauch.

Aufzeichnungen aus dem Jahre 1436 deuten auf Versuche mit einer Presse und mit Formen, wobei Hans Dünne, ein Goldschmied, und Konrad Saspach, ein Drechsler, der die Presse gebaut hatte, erwähnt werden.

Sehr aufschlußreiche Hinweise auf Gutenbergs Arbeiten während seines Aufenthaltes in Straßburg sind Gerichtsakten aus dem Jahre 1439 zu entnehmen. Danach hat Gutenberg eine Gesellschaft, bestehend aus fünf mittätigen, finanziell beteiligten Teilhabern, gegründet. Die gemeinsamen Arbeiten galten offenbar schon der Auswertung seiner Erfindung. Da wird von „Kunst“ berichtet, weiters vom beabsichtigten Verkauf der Druckerzeugnisse auf einem großen Markt zu Aachen. Aus Zeugenaussagen geht hervor, daß Gutenberg sich nach dem Tode von Andreas Dritzehn (der Anlaß des Prozesses) an dessen Bruder Claus mit der Bitte gewandt hat, die „Stücke“ in der Presse zu zerlegen, damit niemand wisse, was damit geschähe. Auch heißt es, daß die Gesellschaft Blei und anderes (wahrscheinlich Legierungsmetalle), Formen und Geschirr gekauft habe.

Mehrere andere Urkunden weisen Gutenbergs Wirken in Straßburg bis Anfang 1444 nach. Am 12. März 1444 hatte Gutenberg seine Steuern bezahlt und gab — fast gleichzeitig mit ihm Konrad Saspach, am 21. März 1444 — sein Bürgerrecht auf und wanderte ab. Somit hat Gutenberg 1444 Straßburg verlassen, doch erst 1448 wird er in Mainz wieder urkundlich erwähnt.

Gutenberg hat in der Zwischenzeit sicher an seiner Erfindung weitergearbeitet — möglicherweise an mehreren Orten. Er mag dabei Kontakte mit Künstlern und Handwerkern aufgenommen haben, die später die neue Kunst selbständig weiterbetrieben. Dies könnte eine der Ursachen sein, welche lange Zeit Zweifel an der Person und der Nationalität des Erfinders der Buchdruckerkunst entstehen ließen.

In Mainz lieh Gutenberg (1448) — um Arbeiten planen und ausführen zu können — zuerst 150 Gulden, die ihm von Familienangehörigen vorgestreckt wurden. Weil dieser Betrag jedoch nicht ausreichte, nahm er im Jahre 1449 bei dem Kaufmann Johannes Fust ein Darlehen von zweimal 400 Gulden auf. Allerdings mußte er dafür vertraglich seine Werkstätte, alle Geräte, Werkzeuge und das Material verpfänden.

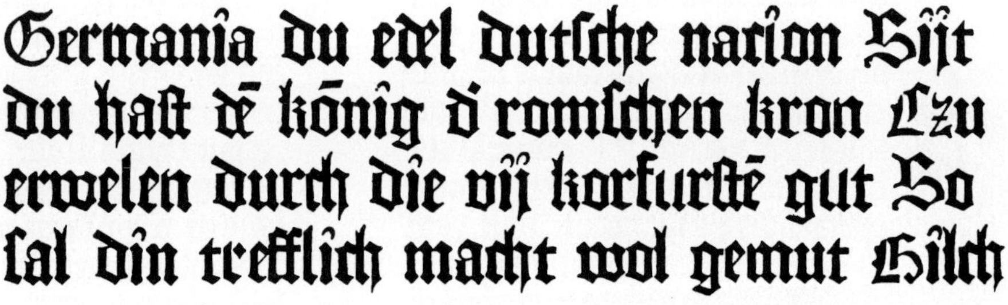
Germania du edel dutsche nacion Sijt
du hast dē kōnig d romschen kron Czu
erwelen durch die vij korfurstē gut So
sal din trefflich macht wol gemut Bilch

Ältester, vollständig erhaltener Druck in deutscher Sprache. Türkenkalender, 1455

Früheste Darstellung von Setzer, Drucker und Buchhändler
Aus dem Lyoner Totentanz, 1500

Der Meister ging nun mit seinen Gehilfen ans Werk; dieses zeigt den großen Umfang und die Vielfältigkeit der Erfindung:

① Zeichnen der Schriften nach dem Vorbild schöngestalteter geschriebener Bücher; ② Schneiden der Stahlstempel; ③ Herstellung der Matrizen; ④ Schriftguß, einschließlich Legierung und Gießinstrument; ⑤ Satz mit beweglichen Lettern, dazu die Werkzeuge des Setzers, Einrichtung der Setzerei; ⑥ die Konstruktion der Handpresse; ⑦ Technik des Druckens (Herstellung der Druckfarbe).

Schon die ersten Druckwerke, zur Gänze oder teilweise unter Gutenbergs Leitung ausgeführt, werden zu Höhepunkten der Buchdruckerkunst. Über die Reihenfolge der Arbeiten gibt es Zweifel. Jedenfalls wurde an zwei großen Bibelwerken gearbeitet, und zwar an der 42zeiligen und der 36zeiligen Bibel (so genannt nach der Anzahl der Zeilen pro Seitenhöhe).
Kurz vor Vollendung der 42zeiligen Bibel, 1455, forderte Fust das Geld zurück, das er Gutenberg geliehen hatte. In dem folgenden Prozeß beeidete Fust, daß er selbst die Darlehenssumme

I

Gutenberg und seine Erfindung

Schriftgießer
Holzschnitt von Jost Amman, 1568

gegen Zinsen ausgeliehen habe und das Geld nun zurückzahlen müsse. Gutenberg wurde schuldig gesprochen. Da er außerstande war, den geliehenen Betrag zu erlegen, gelangte Fust vertragsmäßig in den Besitz der Gutenbergschen Offizin. Schon vorher hatte Fust einen begabten Mitarbeiter Gutenbergs, Peter Schöffer aus Gernsheim, für sich gewonnen und zu seinem Schwiegersohn gemacht. Fust, Schöffer und Gehilfen Gutenbergs brachten das Werk der 42zeiligen Bibel zum Abschluß.

Gutenberg selbst geriet nach dem Verlust der Offizin in Not. Es ist mit großer Wahrscheinlichkeit anzunehmen, daß er wieder in einer Druckerei tätig war. Gutenberg wird in diesem Zusammenhang mit seinem Förderer, dem Kanzler des Stadtrates Dr. Konrad Humery, in Verbindung gebracht. Anderseits gründeten Verwandte Gutenbergs, Heinrich und Nikolaus Bechtermünze, 1460 in Mainz eine Druckerei; möglicherweise leitete Gutenberg diese Offizin. Man schreibt Gutenberg jedenfalls die Urheberschaft an dem Druck des Catholicon zu, einem lateinischen Wörterbuch mit einer Grammatik des Dominikaners Johannes Balbus, dessen Impressum allerdings keine Namensnennung aufweist.
Gutenberg scheint auch weiterhin von materiellen Schwierigkeiten bedrängt gewesen zu sein. Um ihn der drückenden Sorgen zu entheben, nahm ihn der Erzbischof Adolf von Mainz mit Bestallungsurkunde vom 17. Jänner 1465 in sein Hofgesinde auf. Es wurde ihm damit ein freier Wohnsitz in Eltville, einem Städtchen unweit von Mainz, gewährt.
Im Februar 1468 starb Gutenberg und wurde in der Kirche des Dominikanerklosters zu Mainz bestattet. Im Jahre 1793 zerstörte ein Brand die Kirche und die Grabstätte.

Setzer und Buchdrucker
Holzschnitt von Jost Amman, 1568

I

Setzer
Buchdrucker
Buchbinder

Buchbinder
Holzschnitt von Jost Amman, 1568

I Die ersten bedeutenden Druckwerke

Frühdruckzeit
Inkunabel

Etwa die ersten fünfzig Jahre der Buchdruckerkunst bezeichnet man als die Frühdruckzeit. Die in diesem Zeitraum entstandenen Werke nennt man Wiegendrucke oder Inkunabeln. Sie sind nach Gutenbergs strengen Regeln über die Herstellung des Satzes und die Ausführung des Druckes — unter künstlerischer Bedachtnahme auf die Form und mit größter Sorgfalt — geschaffen worden. Die besten dieser Bücher — wie etwa die 42zeilige Bibel — sind den schönsten Handschriften gleichzustellen.

Was begründet den Wert und die Schönheit der frühen Druckwerke? Beim Zeichnen und Herstellen der Druckschriften bemühte man sich besonders um das Ebenmaß der einzelnen Buchstabenbilder. Als Schönheitsideal der Gotisch galt die optisch gleiche Breite von Balken, Punze und Wortzwischenraum. Um harmonische Zeilen formen zu können, wie dies die Schreiber vermochten, schnitt Gutenberg Anschlußbuchstaben (mit fehlenden Ausstrichen), eine größere Anzahl von Ligaturen (verbundene oder ineinandergeschobene Buchstaben) und viele Kürzungstypen.

So konnte man einen Satz herstellen, der — auch aus großem Kegel und bei verhältnismäßig schmalem Format — nahezu gleiche, enge Wortzwischenräume hatte. Durch Freistellen der Interpunktionszeichen am Zeilenende in entsprechendem Maße wurde ein Randausgleich und dadurch eine optische Begradigung des rechten Satzspiegelrandes erreicht. Die Seiten der 42zeiligen Bibel sind solcherart bis heute ein Vorbild für schönen Satz geblieben.

Zum Drucken wurden Pergament und Papier befeuchtet und die Druckformen sorgfältig eingefärbt. Um den Druckbogen sauberzuhalten, benützte man einen Rahmen, der am Deckel der Handpresse befestigt war; er hatte die Aufgabe, nur die zu bedruckenden Stellen des Papiers freizulassen und die unbedruckten Teile abzudecken.

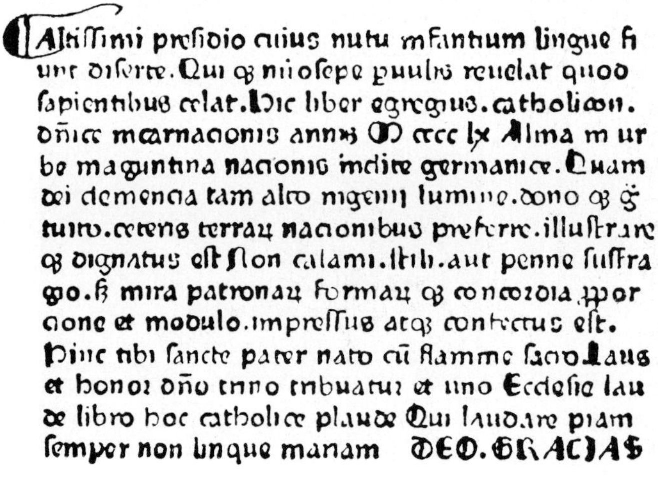
Altissimi presidio cuius nutu infantium lingue fi
unt diserte. Qui que nimiosepe paruulis reuelat quod
sapientibus celat. Hic liber egregius. catholicon.
dñice incarnacionis annis M cccc lx Alma in ur
be maguntina nacionis inclite germanice. Quam
dei clemencia tam alto ingenij lumine. dono que gra
tuito. ceteris terrarum nacionibus preferre. illustrare
que dignatus est Non calami. stili. aut penne suffra
gio. sed mira patronarum formarum que concordia ppor
cione et modulo. impressus atque confectus est.
Hinc tibi sancte pater nato cũ flamine sacro Laus
et honor dño trino tribuatur et uno Ecclesie lau
de libro hoc catholice plaude Qui laudare piam
semper non linque mariam DEO. GRACIAS

Schlußschrift des Catholicon Mainz 1460

Das Druckerzeichen von Fust-Schöffer, Mainz

Übersicht

Donate, Meßbücher (Missale), Kalender.

Als Entstehungszeit ist die Mitte des fünfzehnten Jahrhunderts anzunehmen.

„Mahnung der Christenheit wider die Türken."

Aus dem Jahre 1455 datiert. Das Büchlein besteht aus sechs Quartblättern mit neun bedruckten Seiten. Jede Seite hat zwanzig bzw. einundzwanzig Zeilen. Nur ein Exemplar erhalten.

42zeilige Bibel.

Entstehungszeit etwa zwischen 1453 und 1455.

Folioformat, zwei Bände. Ausgaben in Pergament und Papier. Schätzungen über die Auflage: etwa 30 bis 35 Exemplare auf Pergament, 120 bis 150 Exemplare auf Papier. 641 Blätter. Zweispaltiger Satz, 42 Zeilen pro Spalte (daher die Bibelbezeichnung), Schriftgrad: etwa dem gegenwärtig verwendeten Schriftgrad Text entsprechend.

Psalterium (Sammlung von Psalmen).

Gilt als schönstes Werk der Frühdruckzeit. Begonnen — zumindest geplant — von Gutenberg, ausgeführt und vollendet von Schöffer. Erstes Druckwerk, das die Angabe des Druckers und des Druckortes (Impressum) sowie eine vollständige Datierung enthält (14. August 1457). Folioformat, ein Band. Erste Auflage: 12 bis 15 Exemplare auf Pergament (später haben Schöffer und seine Nachfolger noch weitere Auflagen gedruckt). Umfang zwischen 137 und 175 Blätter. Zweifarbig (blau und rot) eingedruckte Initialen und rote Titel. Fünf verschiedene Schriftgrade.

36zeilige Bibel.

Von Gutenberg begonnen, um 1460 vollendet. Ob Gutenberg die Arbeit abgeschlossen hat, ist ungewiß, denn die Typen der 36zeiligen Bibel finden sich später im Besitz des Albrecht Pfister (ab 1458) in Bamberg. Folioformat. In zwei, meist in drei Bänden gebunden. 882 Blätter. Zweispaltiger Satz, 36 Zeilen pro Spalte. Schriftgrad etwa Doppelmittel.

Catholicon.

Lateinisches Wörterbuch mit Grammatik. Letztes großes Werk Gutenbergs (?), 1460 vollendet. Bemerkenswerte Schlußschrift, aber keine Nennung des Druckers. Folioformat, ein Band, 373 Blätter, Exemplare auf Pergament und Papier. Zweispaltiger Satz, 66 Zeilen pro Spalte. Initialen und Paragraphenzeichen handschriftlich eingefügt. Schriftgrad etwa Cicero.

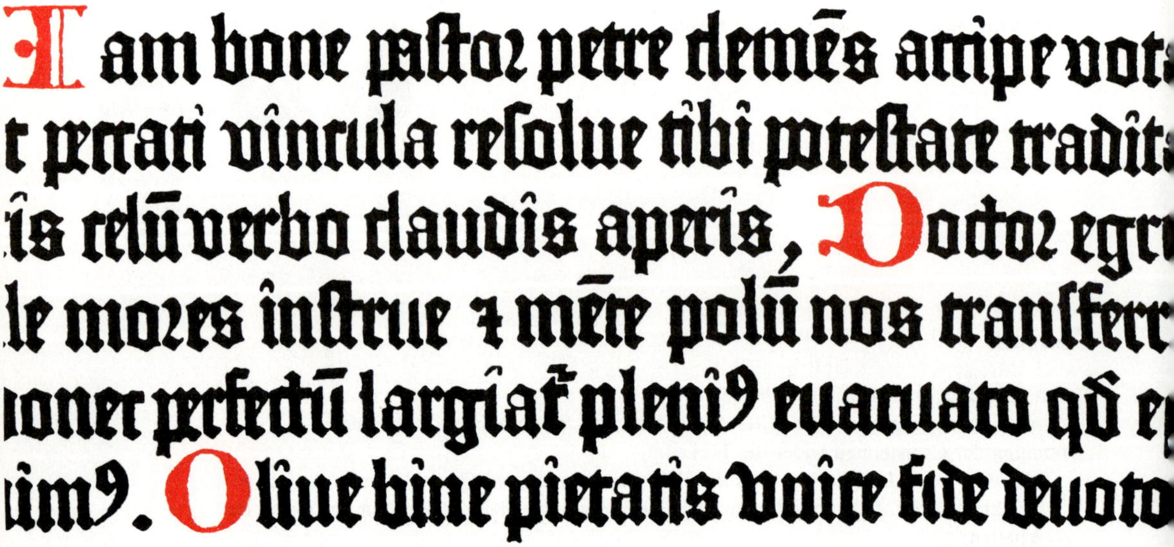

Iam bone pastor petre clemēs accipe vot
t peccati vincula resolue tibi potestate tradit
is celū verbo claudis aperis, Doctor egr
le mores instrue ⁊ mēte polū nos transferr
ioner perfectū largiat plenī9 euacuato qđ e
im9. Oliue bine pietatis vnice fide deuoto

Erstes Frühdruckwerk mit eingedruckten Initialen. Psalterium, Mainz, 1457

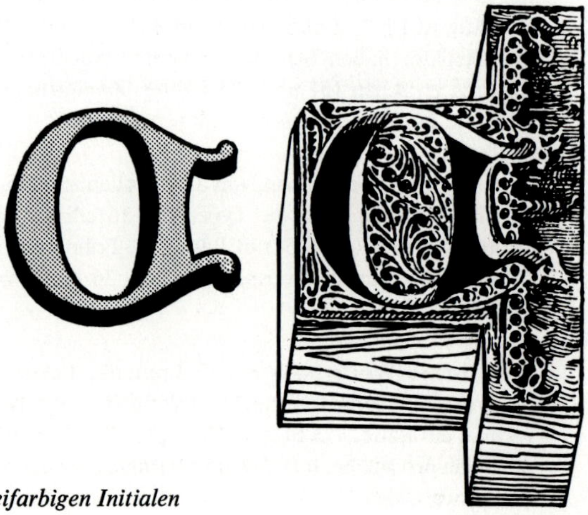

Die zerlegbaren Druckstöcke der zweifarbigen Initialen

Die Verbreitung der Buchdruckerkunst

Während der Eroberung der Stadt Mainz durch Adolf von Nassau am 28. November 1462 wurden die Offizinen Fust-Schöffer und Bechtermünze zerstört. Dadurch waren die Gehilfen vorübergehend zur Untätigkeit gezwungen. Sie fühlten sich nicht mehr an die Geheimhaltungspflicht gebunden; mehrere wanderten ab und verbreiteten so die Kunst des Meisters.
Außer in zahlreichen deutschen Städten, in denen Offizinen gegründet wurden, nahm vornehmlich Italien – und hier Rom und Venedig – die Buchdruckerkunst auf.
Hingegen hat sie in Österreich infolge der unsicheren Verhältnisse der damaligen Zeit erst später eine Heimstätte gefunden. Es gab Kriege in Böhmen und Ungarn, in deren Gefolge nicht schöne Künste, sondern Not, Teuerung und Aufstände einherzogen. 1482 herrschte in Wien die Pest, 1485 belagerte der Ungarnkönig Matthias Corvinus die Stadt und eroberte sie. So ist es erklärlich, daß sich erst ab 1482, zunächst nur vorübergehend, Drucker in Wien niedergelassen haben (fahrende Drucker, Wanderdrucker). Die erste Offizin in Wien gründete Johannes Winterburger im Jahre 1492.

Zeittafel

1440 Deutschland
Versuche
mit beweglichen Lettern
Handpressendrucke
1450 Erste Werke im Buchdruck
1465 Italien
1468 Schweiz
1468 Tschechoslowakei (Pilsen)
1470 Frankreich
1473 Niederlande, Polen (Krakau), Ungarn
1476 England
1482 Österreich
(zunächst Wanderdrucker, im Jahre 1492 erste Offizin)
1483 Dänemark, Schweden
1487 Portugal
1503 Türkei (Konstantinopel)
1563 Rußland (Moskau)
1540 Mexiko
1584 Südamerika (Peru)
1638 Vereinigte Staaten von Amerika

Bedeutende Buchdrucker nach Gutenberg

Unter den Zeitgenossen und den Nachfolgern Gutenbergs befanden sich nicht nur tüchtige Handwerker, sondern auch viele Künstler und Gelehrte. Sie haben – innerhalb der Frühdruckzeit – schätzungsweise 35.000 verschiedene Buchausgaben mit einer Durchschnittsauflage von etwa 300 Exemplaren geschaffen.

1455 **Peter Schöffer** führte die Druckerei Gutenbergs selbständig weiter und vollendete die gemeinsam mit Gutenberg begonnenen Werke. 42zeilige Bibel, Psalterium (Nachdrucke 1459, 1490, 1502 als letzter Druck Schöffers). 35zeiliger Donat, Rationale des Durandus, Mainzer Bibel, Ciceros Werke; insgesamt gegen 300 Werke; er überbot damit alle anderen Frühdrucker. Gestorben 1503.

1458 **Johannes Mentelin** (Mentell), bischöflicher Notar in Straßburg, gebürtig aus Schlettstadt. Gehilfe Gutenbergs, der, vermutlich nach Gutenbergs Ausscheiden aus der Druckerei in Mainz, nach Straßburg zurückgekehrt ist. Werke: Schon 1460 eine lateinische Bibel, Parsival, Titurel, 1466 erste Bibel in deutscher Sprache.

I

Bedeutende Buchdrucker

1460 **Albrecht Pfister** in Bamberg. Er besaß die Typen der 36zeiligen Bibel Gutenbergs. Druckte Werke mit Illustrationen in zwei Formen (erste Form Text, zweite Form Holzschnitte).

1464 **Berthold Ruppel** aus Hanau in Basel (seit 1460 Universitätsstadt). Ruppel war Schüler (Gehilfe) Gutenbergs und wird in den Mainzer Prozeßakten Fust gegen Gutenberg erwähnt. In der Folge rege Drucktätigkeit in der Stadt Basel (seit etwa 1468).

1465 **Konrad Sweynheim** aus Schwanheim, **Arnold Pannartz** aus Prag, erste Drucker in Italien, Kloster Subiaco und Rom. Beide waren Gehilfen Gutenbergs oder Schöffers. 36 Werke mit etwa 12.500 Exemplaren. Übergang von Gotisch zur Rundgotisch und zur Antiqua.

1465 **Ulrich Zell** aus Hanau in Köln. Erstes Impressum aus 1466; es ist daher möglich, daß Zell schon 1464 oder 1463 nach Köln kam.

1468 **Günther Zainer** aus Reutlingen in Augsburg. Erstes Impressum 1468. Seine Werke zeigen schöne Schriften und guten Druck. Sein Bruder (?), **Johannes Zainer**, wirkte als bedeutender Drucker in Ulm (um 1473). Man schreibt ihm die Einführung der Antiqua in Deutschland zu.

1469 **Johann von Speyer.** Mit ihm beginnt die lange Reihe hervorragender Drucker in Venedig. 1470 erstes Buch mit Paginierung der Blätter.

1470 **Ulrich Gering, Martin Crantz, Michael Friburger** errichteten in der Pariser Sorbonne die erste Druckerei Frankreichs.

1470 **Nicolaus Jenson** aus Paris — 1458 vom französischen König zur Erlernung der Buchdruckerkunst nach Mainz gesandt — in Venedig.

1473 **Johann Sensenschmid** aus Eger, **Heinrich Keffer** aus Mainz (wie Ruppel aus den Prozeßakten als Gehilfe Gutenbergs bekannt) in Nürnberg. Sensenschmid scheint noch in anderen Städten als Drucker auf — ein Beispiel für den Typ des Wanderdruckers.

1473 **Anton Koberger** in Nürnberg. Erste Großdruckerei mit 24 Pressen und 100 Gehilfen. Berühmtes Werk: Schedelsche Weltchronik, Buch der Chroniken und Geschichten von Doktor Hartmann Schedel (Folioband, über 1800 Holzschnitte von Michael Wolgemut und Hans Pleydenwurff).

1476 **William Caxton,** druckte schon 1471 in Köln, brachte die Buchdruckerkunst nach England. Offizin in der Westminsterabtei. Erstes gedrucktes Buch in englischer Sprache.

1476 **Erhard Ratdolt** aus Augsburg in Venedig. Besonders schöne und korrekte Buchausgaben; Schriften, Schmuck, Illustrationen.

1479 **Jörg Reyser** in Würzburg druckte von Einzellettern Musiknoten.

1485 **Konrad Kachelofen,** der bekannteste Frühdrucker der späteren Buchstadt Leipzig.

1491 **Johannes Froben** gründete in Basel eine Offizin; einer der bedeutendsten Drucker wissenschaftlicher Werke der Frühdruckzeit, besonders später mit **Johannes Amerbach.** Verbindung mit Erasmus von Rotterdam.

1492 **Johannes Winterburger** aus Winterburg, erster bedeutender Drucker in Wien. Mehr als 160 Werke religiösen und weltlichen Inhalts. Gute Ausführung, teils in gotischer Schrift, teils in Antiqua.

1494 **Aldus Pius Manutius** in Venedig. Begründete ein berühmtes Buchdruckergeschlecht. Besonders sorgfältig ausgeführte Werke. Verwendete erstmals eine Kursiv; Schrift Aldine.

Die Angaben der Jahreszahlen gehen in den Quellen oft sehr weit auseinander. Die Erklärung dafür liegt wohl in der langen Arbeitsvorbereitung zum Drucken. So mag sich eine Jahreszahl auf das Zuwandern des Buchdruckers, die andere auf ein Impressum, also das Sichtbarwerden der Tätigkeit in einer Stadt, beziehen.

1

2

3

Druckerzeichen

1 *Günther Zainer, Augsburg, Ulm*
2 *Martin Landsberg, Leipzig*
3 *Erhard Ratdolt, Augsburg, Venedig*
4 *Johannes Winterburger, Wien*
5 *Ulrich Zell, Köln*

4

5

I

Schriftplakat

Amore et studio elucidande veritatis: hec subscripta disputabūtur Wittenberge. Presidente R. P. Martino Lutther: Artiū et S. Theologie Magistro: eiusdemqꝫ ibidem lectore Ordinario. Quare petit: vt qui non possunt verbis presentes nobiscū disceptare: agant id literis absentes. In noie dñi nostri hiesu chrī. Amē.

1 ¶ Dominus et magister nr̄ Jesus chrs dicendo. Penitentiā agite. ꝛc. omnē vitam fideliū penitentiam esse voluit

2 ¶ Qd verbū de penitētia sacramentali (id est confessiōis et satisfactiōis que sacerdotum ministerio celebratur) non pōt intelligi

3 ¶ Non tñ solam intendit interiorē: immo interior nulla est. nisi foris operetur varias carnis mortificationes

4 ¶ Manet itaqꝫ pena donec manet odiū sui (id est penitentia vera intus) scꝫ vsqꝫ ad introitum regni celoꝝ

5 ¶ Papa nō vult nec pōt vllas penas remittere. pter eas: quas arbitrio vel suo vel canonum imposuit

6 ¶ Papa nō pōt remittere vllā culpā nisi declarando et approbando remissam a deo. Aut certe remittendo casus reseruatos sibi: quib⁹ ꝯtēptis culpa prorsus remaneret.

7 ¶ Nulli prorsus remittit deus culpā: quin simul eū subijciat: humiliatū in omībus: sacerdoti suo vicario.

8 ¶ Canones penitētiales solū viuētibus sunt impositi. nihilqꝫ morituris ꝺm eosdem debet imponi.

9 ¶ Inde bñ nobis facit spūssctūs in papa. excipiendo in suis decretis ꝑ articulū mortis et necessitatis.

10 ¶ Indocte et male faciūt sacerdotes ii: qui morituris pñias canonicas in purgatorium reseruant.

11 ¶ Zizania illa de mutanda pena Canonica in penam purgatorij. videnꝫ certe dormientibus episcopis seminata.

12 ¶ Olim pene canonice nō post: sed ante absolutionem imponebantur: tanqꝫ tentamenta vere contritionis.

13 ¶ Morituri: ꝑ mortē omnia soluunt. et legibus canonū mortui iam sunt habentes iure earum relaxationem.

14 ¶ Imꝑfecta sanitas seu charitas morituri: necessario secum fert magnū timorem: tantoqꝫ maiorem: quāto minor fuerit ipsa.

15 ¶ Hic timor et horror satis est. se solo (vt alia taceā) facere penā purgatorij: cum sit ꝓximus desperatiōis horrori.

16 ¶ Videnꝫ infernus: purgatoriū: celum differre: sicut desperatio: ꝓpe desperatio. securitas differunt.

17 ¶ Necessariū videꝫ aīab⁹ in purgatorio: sicut minui horrorē. ita augeri charitatem.

18 ¶ Nec ꝓbatum videꝫ vllis: aut rōnibus aut scripturis. ꝙ sint extra statum meriti seu agende charitatis.

19 ¶ Nec hoc ꝓbatū esse videꝫ: ꝙ sint de sua btitudine certe et secure saltē oēs. licꝫ nos certissimi simus.

20 ¶ Igitur papa ꝑ remissionē plenariā oīm penaꝝ. nō simpliciter oīm. intelligit: sed a seipso tantūmodo impositaꝝ.

21 ¶ Errant itaqꝫ indulgētiarū ꝑdicatores. ii: qui dicūt per pape indulgētias: hoīem ab omī pena solui et saluari.

22 ¶ Quin nullā remittit aīabus in purgatorio: quā in hac vita debuissent ꝺm Canones soluere.

23 ¶ Si remissio vlla oīm oīno penaꝝ: pōt alicui dari. certū est eā nō nisi ꝑfectissimis. i. paucissimis dari.

24 ¶ Falli ob id necesse est: maiorē partē poplī: per indifferentē illā et magnificam pene solute ꝓmissionem.

25 ¶ Qualē ptātem hꝫ papa in purgatoriū gnāliter: talem hꝫ quilibet Episcopus et Curatus in sua diocesi et parochia specialiter.

1 ¶ Optime facit papa: ꝙ nō ptāte clauis (quā nullā hꝫ) sed per modū suffragij dat aīabus remissionem.

2 ¶ Hoīem predicāt. qui statim vt iactus nummus in cistam tinnierit: euolare dicunt animā.

3 ¶ Certū est. nūmo in cistā tinniente: augeri questū et auariciā posse. suffragium aūt ecclie: in arbitrio dei soli⁹ est.

4 ¶ Quis scit. si oēs aīe in purgatorio velint redimi. sicut de. s. Seuerino et paschali factū narratur.

5 ¶ Nullus est securus de veritate sue cōtritiōis. multominus de cōsecutione plenarie remissionis.

6 ¶ Qꝫ rar⁹ est ꝟe penitēs: tā rar⁹ est ꝟe indulgētias redimēs. i. rarissim⁹

7 ¶ Dānabunꝫ ineternū cū suis mgrīs: qui ꝑ lrās veniaꝝ securos sese credunt de sua salute.

8 ¶ Cauendi sunt nimis: qui dicūt venias illas Pape: donū esse illud dei inestimabile: quo reconciliaꝫ homo deo.

9 ¶ Gratie eñ ille veniales: tantū respiciunt penas satisfactiōis sacramētalis ab homie constitutas.

10 ¶ Non christiana predicant: qui docent. ꝙ redemptoris aīas vel cōfessionalia: nō sit necessaria contritio.

11 ¶ Quilibet christianus vere cōpunctus: hꝫ remissionē plenariā: a pena et culpa. etiam sine lrīs veniaꝝ sibi debitā.

12 ¶ Quilibet verus christianus: siue viuus siue mortu⁹: hꝫ participationē oīm bonoꝝ Chrī et Ecclesie. etiā sine lrīs veniaꝝ a deo sibi datam.

13 ¶ Remissio tñ et participatio Pape: nullo mō est ꝯtemnēda. q̄r (vt dixi) est declaratio remissionis diuine.

14 ¶ Difficilimū est: etiā doctissimis Theologꝭ simul extollere veniaꝝ largitatem: et contritiōis veritatē coram populo.

15 ¶ Contritionis veritas penas querit et amat. Veniaꝝ aūt largitas relaxat: et odisse facit saltem occasione.

16 ¶ Caute sunt venie aplīce ꝑdicande. ne populus false intelligat. eas ꝑferri ceteris bonis operibus charitatis.

17 ¶ Docendi sunt christiani. ꝙ Pape mens nō est: redemptionē veniaꝝ vlla ex parte cōparandā esse operibus misericordie.

18 ¶ Docendi sunt christiani. ꝙ dans pauꝑi: aut mutuans egenti: meli⁹ facit: qꝫ si venias redimeret.

19 ¶ Quia ꝑ opus charitatis crescit charitas: ꝛ fit hō melior. sed ꝑ venias nō fit melior: sed tm̄modo a pena liberior.

20 ¶ Docendi sunt chrīani. ꝙ qui videt egenū: et neglecto eo. dat ꝓ venijs nō indulgētias Pape: sed indignationē dei sibi vendicat.

21 ¶ Docendi sunt chrīani: ꝙ nisi suꝑfluis abundent: necessaria tenenꝫ domui sue retinere: et nequaqꝫ ꝓpter venias effundere.

22 ¶ Docendi sunt christiani. ꝙ redemptio veniarū est libera: nō precepta.

23 ¶ Docēdi sunt chrīani. ꝙ Papa sicut magis eget: ita magis optat in venijs dandis ꝓ se deuotam orationem: qꝫ ꝓmptam pecuniam.

24 ¶ Docendi sunt christiani. ꝙ venie Pape sunt vtiles: si non in eas confidant. Sed nocentissime: si timorem dei per eas amittant.

25 ¶ Docendi sunt chrīani. ꝙ si Papa nosset exactiones venialiū ꝑdicatorum mallet Basilicā. s. Petri in cineres ire: qꝫ edificari. cute carne ꝛ ossibus ouium suaꝝ.

1 ¶ Docendi sunt chrīani. ꝙ Papa sicut debet ita vellet. etiam vendita (si opus sit) Basilica. s. Petri: de suis pecunijs dare illis: a quorum plurimis quidā cōcionatores veniaꝝ pecuniam eliciunt.

2 ¶ Vana est fiducia salutis ꝑ lrās veniaꝝ. etiā si Cōmissarius: immo Papa ipse suā aīam ꝓ illis impigneraret.

3 ¶ Hostes chrī et Pape sunt ii: qui ꝓpter venias ꝑdicandas verbū dei in alijs ecclesijs penitus silere iubent.

4 ¶ Iniuria fit verbo dei: dū in eodeꝫ sermone: equale vel longius tēpus impenditur venijs qꝫ illi.

5 ¶ Mens Pape necessario est. ꝙ si venie (qd minimum est) vna cāpana: vnis pompis: et ceremonijs celebranꝫ. Euangelium (qd maximū est) centū campanis: centū pompis: centū ceremonijs predicceꝫ.

6 ¶ Thesauri ecclie vñ Papa dat indulgētias: neqꝫ satis noīati sunt: neqꝫ cogniti apud pplm christi.

7 ¶ Temporales certe nō esse patet. ꝙ nō tā facile eos ꝓfundūt: sꝫ tm̄mō colligunt multi concionatoꝝ.

8 ¶ Nec sunt merita Chrī et sctōꝝ. q̄r hec sꝑ sine Papa oꝑanꝫ grām hoīs interioris: et crucē: mortē: infernumqꝫ exterioris.

9 ¶ Thesauros ecclie. s. Laurēti⁹ dixit esse: pauꝑes ecclie. sꝫ locutus est vsu vocabuli suo tpe.

10 ¶ Sine temeritate dicim⁹ claues ecclie (merito Chrī donatas) esse thesaurum istum.

11 ¶ Clarū est eñ. ꝙ ad remissionē penaꝝ et casuū sola sufficit ptās Pape.

12 ¶ Verus thesaurus ecclie. est sacrosctm̄ euāgelium glorie et gratie dei.

13 ¶ Hic autē est merito odiosissimus. q̄r ex primis facit nouissimos.

14 ¶ Thesaurus aūt indulgentiaꝝ merito est gratissimus. q̄r ex nouissimis facit primos

15 ¶ Igitur thesauri Euangelici rhetia sunt: quibus olim piscabanꝫ viros diuitiarum.

16 ¶ Thesauri indulgentiaꝝ rhetia sunt: q̄bus nūc piscanꝫ diuitias viroꝝ.

17 ¶ Indulgētie: quas cōcionatores vociferanꝫ maxias grās. intelligunꝫ vere tales quoad questum ꝓmouendum.

18 ¶ Sunt tamen re vera minime ad grām dei et crucis pietatē cōpate.

19 ¶ Tenenꝫ Epī et Curati veniaꝝ aplīcarū Cōmissarios cū omī reuerentia admittere.

20 ¶ Sed magis tenenꝫ oībus oculis intendere: oībus aurib⁹ aduertere: ne ꝓ cōmissione Pape sua illi somnia ꝑdicent.

21 ¶ Cōtra veniaꝝ aplīcaꝝ ꝟitatē q̄ loquiꝫ. sit ille anathema ꝛ maledict⁹.

22 ¶ Qui vero contra libidinē ac licentiā verborū Cōcionatoris veniarū curam agit: sit ille benedictus.

23 ¶ Sicut Papa iuste fulminat eos: qui in fraudem negocij veniarū quacunqꝫ arte machinantur.

24 ¶ Multomagis fulminare intendit eos: qui ꝑ veniarū pretextū in fraudem sctē charitatis et veritatis machinanꝫ.

25 ¶ Opinari venias papales tātas esse: vt soluere possint hoīeꝫ. etiā si qs ꝑ impossibile dei genitricē violasset. Est insanire.

¶ Diximus contra. ꝙ venie papales: nec minimū venialium pctōꝝ tollere possint quo ad culpam.

2 ¶ Qꝫ dr̄. nec si. s. Petrus modo Papa esset: maiores grās donare posset est blasphemia in sctm̄ Petrum et Papam.

3 ¶ Dicimus contra. ꝙ etiā iste et quilibet papa maiores hꝫ. scꝫ Euangelium: virtutes: grās curationū. ꝛc. vt. i. Co. xij.

4 ¶ Dicere. Crucē armis papalibus insigniter erectā: cruci christi equiualere: blasphemia est.

5 ¶ Rationē reddent Epī: Curati: et Theologi. Qui tales sermōes in populum licere sinunt.

6 ¶ Facit hec licētiosa veniaꝝ ꝑdicatio. vt nec reuerentiā Pape facile sit etiā doctis virꝭ redimere a calūnijs aut certe argutꝭ q̄stioib⁹ laicoꝝ.

7 ¶ Scꝫ. Cur Papa nō euacuat purgatoriū ꝓpter sctissimā charitateꝫ et summā aīarū necessitatē: vt cām oīm iustissimā. Si infinitas aīas redimit ꝓpt pecuniā funestissimā ad structurā Basilice: vt cāꝫ leuissimā

8 ¶ Itē. Cur ꝑmanēt exequie et anniuersaria defunctoꝝ: et nō reddit aut recipi ꝑmittit bñficia ꝓ illis instituta. cū iā sit iniuria ꝓ redēptꝭ orare

9 ¶ Itē. Que illa noua pietas Dei et Pape. ꝙ impio et inimico ꝓpter pecuniā ꝯcedūt: aīam piā et amicā dei redimere. Et tñ ꝓpter necessitatē ipsius met pie et dilecte aīe nō redimunt eā gratuita charitate.

10 ¶ Itē. Cur Canones pñiales re ipā et nō vsu: iā diu in semet abrogati ꝛ mortui: adhuc tñ pecunijs redimunꝫ per ꝯcessionē indulgētiaꝝ tanqꝫ viuacissimi.

11 ¶ Itē. Cur Papa cui⁹ opes hodie sunt opulētissimis crassis crassiores: nō de suis pecunijs magꝭ qꝫ pauꝑm fideliū struit vnā tm̄mō Basilicā sancti Petri.

12 ¶ Item. Quid remittit aut participat Papa iis: qui ꝑ ꝯtritionē ꝑfectaꝫ ius habēt plenarie remissionis et participationis.

13 ¶ Item. Quid adderet ecclie boni maioris. Si Papa sicut semel facit: ita cēties in die cuilibꝫ fideliū has remissiōes ꝛ ꝑticipatiōes tribuet.

14 ¶ Ex quo Papa salutē querit aīaꝝ: ꝑ venias magꝭ qꝫ pecunias. Cur suspendit lrās et venias iam olim ꝯcessas: cū sint eque efficaces.

15 ¶ Hec scrupulosissima laicoꝝ argumēta: sola ptāte ꝯpescere: nec reddita ratione diluere. Est ecclīam ꝛ Papā hostib⁹ ridendos exponere et infelices christianos facere.

16 ¶ Si ergo venie ꝺm spiritū et mentē Pape ꝑdicarētur. facile illa omīa soluerenꝫ: immo nō essent.

17 ¶ Valeāt itaqꝫ oēs illi ꝓphe: q̄ dicūt pplo Chrī. Pax pax. et nō est pax.

18 ¶ Bñ agāt oēs illi ꝓphe: q̄ dicūt pplo Chrī. Crux crux. et non est crux.

19 ¶ Exhortandi sunt Christiani: vt caput suū chrm per penas: mortes: infernosqꝫ sequi studeant.

20 ¶ Ac si magis ꝑ multas tribulatiōes intrare celū: qꝫ ꝑ securitatē pacis confidant.

M.D.xvij

1517

Plakatdruck: Die 95 Thesen Martin Luthers. Wittenberg, 1517

Duo psalmi dicendi. Quãdo
bellum adeundum est.
Qui habitat in adiuto-
rio altissimi: in ꝓtectio
ne dei celi commorabitur.
Dicet domino susceptor meus
es tu: et refugiũ meum: deus
meus sperabo in eum.
Quoniam ipse liberauit me
de laqueo venãtium: et a ver-
bo aspero.
Scapulis suis obumbrabit ti-
bi: ⁊ sub pennis eius sperabis.
Scuto circumdabit te veritas

Gebetbuch Maximilians I., Randzeichnungen von Albrecht Dürer. Schönsperger, Augsburg, 1513

I Weiterentwicklung

Renaissance und Barock

In der Buchdruckerkunst spiegelt sich die kulturelle Entwicklung ebenso wie jede Störung oder Unterbrechung wider.
Nach den Höhepunkten des künstlerischen Schaffens in der Frühdruckzeit, am Beginn der Neuzeit — befruchtet durch Humanismus und Renaissance —, schien das Buchwesen einer weiteren Verbreitung entgegenzugehen. Das Interesse an Büchern wuchs, der Kreis der Buchthemen wurde immer größer. Die Buchdrucker, die gleichzeitig auch Verleger waren, suchten stets nach neuen Stoffen. Außer den religiösen Werken waren es vornehmlich Lehrbücher, aber auch Werke der Dichtkunst und Streitschriften. Neben Büchern in lateinischer Sprache erschienen solche in Deutsch, Griechisch und Hebräisch.
Um eine Kontrolle über die Flut der Druckschriften ausüben zu können, führte der Erzbischof Berthold in Mainz, 1486, die Präventivzensur ein. Das „Imprimatur" (= es werde gedruckt!) zeugt noch von dieser Maßnahme.

Im 16. Jahrhundert druckte Johann Schönsperger in Nürnberg den „Theuerdank" (1517), eine Verherrlichung Kaiser Maximilians I. Die verwendeten Typen tragen bereits weitgehend die Formen der Fraktur. Die Illustrationen zeugen von dem hohen Grad der Holzschneidekunst. In Wittenberg druckte Hans Lufft — 1534 — die Lutherbibel. In Paris wirkte die Familie der Etienne, deren Tätigkeit bis zum Ende des 17. Jahrhunderts währte. Bedeutend sind die Etienne-Schriften, die von Claude Garamond geschnitten wurden, der um 1540 eine Mediäval, die „Garamond"-Antiqua, schuf. In der Mitte des 16. Jahrhunderts gründete Christoph Plantin in Antwerpen eine Offizin, die später von seinem Verwandten, Balthasar Moretus, weitergeführt wurde. Plantins Typen wetteifern an Schönheit mit den Schriften des Aldus Manutius. Die Druckerei Plantin-Moretus ist im ursprünglichen Zustand erhalten geblieben und seit 1877 ein vielbesuchtes Museum.

Das 17. Jahrhundert brachte vielerlei Erschütterungen und Verfallserscheinungen, besonders im deutschsprachigen Raum. Im Verlaufe des Dreißigjährigen Krieges und der ihn begleitenden Wirren gingen viele Offizinen verloren oder waren zumindest in ihrer Arbeit behindert. Die Kunst blühte vornehmlich im Westen Europas. 1617 arbeitete die Familie der Elzevir in Amsterdam. Sie führte vor allem billige, kleinformatige Bücher ein. Die Tradition der Elzevir wurde durch die Familie des Isaac Enschede in Haarlem fortgesetzt. Um 1640 gründete Kardinal Richelieu eine Druckerei, die schöne — zum Teil noch erhaltene — Werke herstellte. Auch der französische Hof zeigte großes Interesse für die Kunst des Druckens. In Wien arbeiteten in demselben Zeitraum Matthäus Cosmerovius, ein gebürtiger Pole, und Johann van Ghelen, ein Niederländer. Beide waren Hof- und Universitätsbuchdrucker; Ghelen ragte durch seine Fremdsprachenwerke besonders hervor.

Im 18. Jahrhundert taucht der Name Gottlieb Immanuel Breitkopf auf. 1745 übernahm er in Leipzig die Offizin seines Vaters; er wurde Schöpfer der barocken Fraktur, 1755 vervollkommnete er den Musiknotensatz, so daß auch Orchesterpartituren gesetzt werden konnten, und verbesserte den Schriftguß. Breitkopfs Druckerei galt als die beste ihrer Zeit. Fast gleichzeitig wirkte Johann Friedrich Unger. Seine Stärke waren das Schriftschaffen und der Holzschnitt. Mitte des 18. Jahrhunderts bemühten sich die französischen Schriftgießerfamilien Fournier und Didot um gute Antiquaschriften — die heute noch als Vorbilder gelten — und ebenso um

I

Schriftsatz in Holzschnitt-rahmen

PLV.TARCHVS CHAE-
RONEVS
De compeſcenda Ira,
De Garrulitate,
De Curioſitate.
De iis qui ſero a nu-
mine corripiuntur,
De vitanda Vſura.

BILIBALDO PIRCKHEYME-
RO INTERPRETE.

Nurimbergę apud Fridericum Pey
pus, Anno M.D.XXIII.

Einfassung für einen Buchtitel von Albrecht Dürer. Friedrich Peypus, Nürnberg, 1523

I

Zeitung

Relation:

Aller Fürnem/men/ vnd gedenckwürdigen Historien / so sich hin vnnd wider in Hoch vnnd Nieder Teutschland / auch in Franckreich / Italien / Schott vnd Engelland / Hisspanien / Hungern / Polen / Siebenbürgen / Wallachey / Moldaw / Türckey / ꝛc. Inn diesem 1609. Jahr verlauffen vnd zutragen möchte.

Alles auff das trewlichst wie ich solche bekommen vnd zu wegen bringen mag / in Truck verfertigen will.

Erste Zeitung. Herausgeber und Drucker Johannes Carolus, Straßburg, 1609. Man beachte die Ableitung der Gestaltung von den Buchtiteln. Als Beispiel auf der gegenüberliegenden Seite: Titelseite mit Holzschnittrahmen. Neues Testament, deutsch. Melchior Lotter, Wittenberg, 1523

ein typographisches Maßsystem. In Parma, Italien, arbeitete um 1765 Giambattista Bodoni an seiner klassizistischen Antiqua. In England entwickelte sich Oxford zur bedeutenden Druckstätte. William Caslon und John Baskerville schufen Schriften, die die englische Buchkunst bis heute wesentlich beeinflußten. In Wien erfreute sich Johann Thomas Edler von Trattner der Gunst Maria Theresias; gebürtig in Ungarn, übernahm er 1748 eine Druckerei und entfaltete eine umfangreiche Tätigkeit. In das Jahr 1703 fällt die Gründung des Wiener Diariums, aus dem später die heutige „Wiener Zeitung" hervorging.

I

Schriftsatz und Holzschnitt

I

Titelblatt der Eisenordnung

Römischer Khaiserlicher/
auch zu Hungern vnnd
Behaim/ ꝛc. Khün Mt. ꝛc. Ertzhertzogen
zu Osterreich/ newe EisenOrdnung vnnd
Satzung / auff Eisen vnnd Stahl/ so
auß dem Innerpergerischen Rau-
chen Eisen geschmidt/ vnd Steyr-
risch Eisen genennt
wirt.

Mit Röm. Khay. Mt. ꝛc. Gnad
vnnd Priuilegien.

Gedruckt zu Wienn in Osterreich durch
Caspar Stainhofer/ in S. Anna Hoff/
Anno M. D. L. XXIIII.

Zwei Titelblätter in Gegenüberstellung: Man beachte die Merkmale der Schrift und Gestaltung

ΤΑ ΤΟΥ
ΙΠΠΟΚΡΑΤΟΥΣ
ΑΠΑΝΤΑ.

HIPPOCRATIS
OPERA OMNIA

Cum variis lectionibus non modo hucusque vulgatis, verum ineditis potissimum, partim depromptis
Ex CORNARII, & SAMBUCI codd.
In Cæsar. Vindobonensi Bibliotheca hactenus asservatis & ineditis, partim ex aliis ejusdem Bibliothecæ MSS. libris, ac denique ex Mediceis Laurentianis MSS. codd. collectis: quarum ope sæpenumero Græcus contextus fuit restitutus. Accessit Index Pini copiosissimus cum Tractatu de mensuris & ponderibus.

STUDIO & OPERA
STEPHANI MACKII,
ELISABETHÆ CHRISTINÆ AUG.
AULÆ MEDICI.

TOMUS II.

VIENNÆ AUSTRIÆ,
PROSTANT APUD LEOPOLDUM JOANNEM KALIWODA.
IMPERIALIS AULÆ TYPOGRAPHUM.

ANNO M. DCC. XLIX.

I

Titelblatt zu einer Gesamtausgabe der Werke des Hippocrates

Im 19. Jahrhundert verursachten zuerst die Napoleonischen Feldzüge und dann die Revolutionen viel Unruhe. Manche ihrer positiven Folgen, wie die Pressefreiheit, belebten den Buchdruck. Zahlreiche Zeitungen und Zeitschriften wurden gegründet. Die Technisierung der Gewerbe brachte auch für den Buchdruck neue Erfindungen und Maschinenkonstruktionen, welche die Arbeitsvorgänge, die jahrhundertelang gleich geblieben waren, veränderten.
Zunächst versuchte man die Handpresse zu verbessern. Lord Stanhope baute 1800 eine Handpresse aus Eisen, die größere Druckkraft besaß. 1817 und 1820 entstanden die Pressen mit Kniehebel- und Kegelsystem, womit die Entwicklung der Handpresse ihren Abschluß fand. Dabei hatte sich aber der Druckvorgang an sich nicht geändert, und die Leistung betrug etwa 50 bis 60 Drucke in der Stunde.
Eine umwälzende Idee brachte den Übergang vom Druckprinzip Flach-Flach (Druckform-Papierträger) zur streifenweisen Druckabwicklung durch den über die Druckform rollenden Zylinder. Die erste Schnellpresse, deren Erfinder Friedrich Koenig (1774—1833) ist, wurde in England im April 1811 in Betrieb genommen. Die Schnellpressen leisteten über tausend Drucke pro Stunde.
Die Notwendigkeit, in kurzer Zeit eine möglichst große Anzahl von Nachrichtenblättern herstellen zu können, führte 1865 zu der Konstruktion von William Bullock in Philadelphia, der Rotationsmaschine. Diese erhielt ihre Bezeichnung, weil der Druck von zwei rotierenden Zylindern bewerkstelligt wird. Das Druckprinzip Rund-Rund beruht auf der Umwandlung der flachen Druckform durch Abformung des Satzes mittels Papiermatrize und Gusses in halbzylinderförmige Platten sowie des Bedruckens von Rollenpapier. Das beidseitig bedruckte Papier wird ferner geteilt und gefalzt, so daß fertige Zeitungsexemplare entstehen. Heute verwendet man Rotationsmaschinen mit mehreren Druckwerken und Mehrfarbeneinrichtungen, die eine sehr gute Bildwiedergabe ermöglichen.

Das Setzen blieb nach Gutenbergs Erfindung von technischen Veränderungen jahrhundertelang unberührt. Nach vielen untauglichen Versuchen, mit Hilfe von Logotypen und Typensetzmaschinen eine Satzbeschleunigung herbeizuführen, glückte 1884 dem Deutschamerikaner Ottmar Mergenthaler die Konstruktion einer Setzmaschine. Das Produkt sind kompakte Zeilen, weshalb die Maschine „Linotype" genannt wurde. Ebenfalls aus Amerika kommt die zweite Setzmaschinenart, die Einzelbuchstaben herstellt, die „Monotype" von Tolbert Lanston. Die weitere Entwicklung zielt vor allem auf eine Beschleunigung der Satzherstellung. Es werden Geräte verschiedenster Bauart eingesetzt, die mit Hilfe der Elektronik und in Verbindung mit Computern eine Steigerung im Sinne von Schnellsetzmaschinen erbringen.
Die Erfindung des zweiten bedeutenden Druckverfahrens, des Flachdrucks, durch Alois Senefelder, fällt in das Jahr 1796. Zuerst schien es, als sei der Steindruck nur für die Wiedergabe von Illustrationen und Musiknoten geeignet. Die Weiterentwicklung zum Offsetdruck hat aber eine solche Vollkommenheit erreicht, daß mit dem Verfahren absolut keine Qualitätseinschränkung verbunden ist.
Das dritte Druckverfahren, der Tiefdruck, ist in seinen Grundzügen älter als der Hochdruck. Trotzdem hat erst die Erfindung des maschinellen Farbauftrages und das Abnehmen der überschüssigen Farbe mittels der Rakel (Rakeltiefdruck) zu einer gewaltigen Entwicklung geführt. Besonders für den Illustrationsdruck eignet sich der Rakeltiefdruck sehr.
Der Wunsch, die Formenherstellung für Offset- und Tiefdruck zu rationalisieren, führte auch zur Verbreitung und Weiterentwicklung der Photosetzmaschinen. Sie erzeugen hauptsächlich Filmsatz, der auf verschiedene Arten zur weiteren Verarbeitung gelangen kann.

I

Entwicklung bis zur Gegenwart

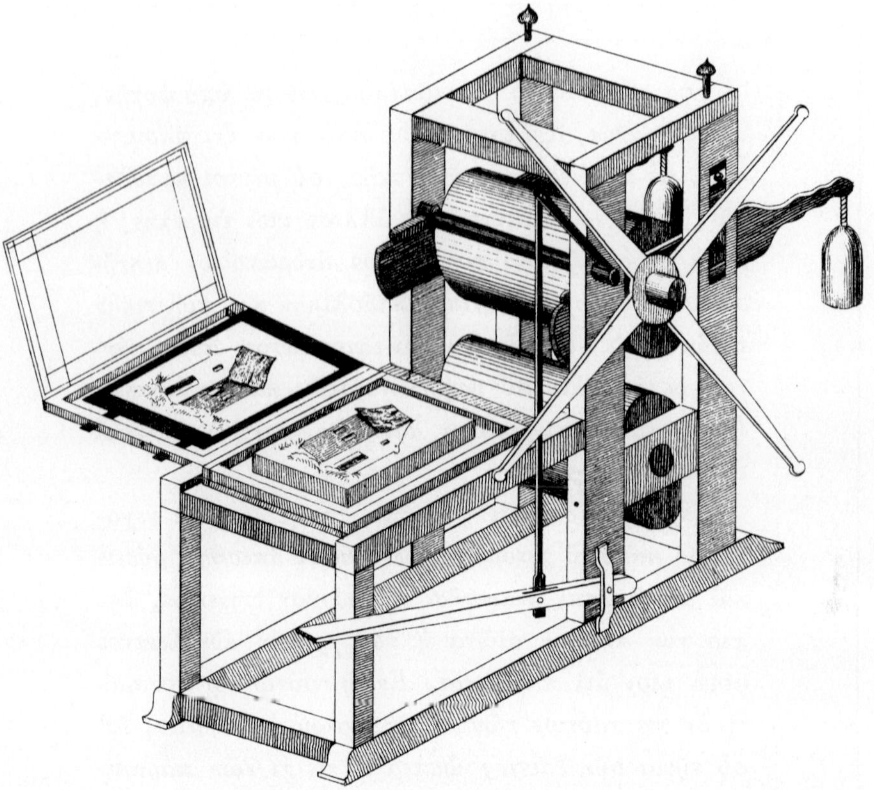

Steindruckpresse Alois Senefelders. Merkmale der Buchdruck- und der Kupferdruckpressen

Als vorbereitende Techniken haben sich die Photographie, die Reproduktionsphotographie, die Lithographie und die Druckformenherstellung mit vielen speziellen Arbeitsgebieten, wie etwa der Retusche, glänzend entwickelt.
Diese fast überstürzte technische Entfaltung im graphischen Gewerbe muß von fachlichem Können ebenso wie von künstlerischem Ausdruck begleitet sein. Erst in der Verbindung aller Äußerungen von Technik und Kunst zu einem Ganzen liegt der ideale Fortschritt und die Zukunft.

δὲ ὑπὸ τῶν ὀλίγῳ μετριωτέρων, εἰς τὰ ὑπὸ ψυχῆς, οἷον ποίμνας, ἀγέλας· τὰ δὲ ὑπὸ τῶν ἔτι χαριεστέρων, εἰς τὰ ὑπὸ λογικῆς ψυχῆς, οὐ μέντοι καθολικῆς, ἀλλὰ καθὸ τεχνικὴ, ἢ ἄλλως πως ἐντρεχὴς, ἢ κατὰ ψιλὸν, [οἷον] τὸ πλῆθος ἀνδραπόδων κεκτῆσθαι. Ὁ δὲ ψυχὴν λογικὴν καθολικὴν καὶ πολιτικὴν τιμῶν, οὐδὲν ἔτι τῶν ἄλλων ἐπιστρέφεται· πρὸ ἁπάντων δὲ τὴν ἑαυτοῦ ψυχὴν λογικῶς καὶ κοινωνικῶς ἔχουσαν, καὶ κινουμένην διασώζει, καὶ τῷ ὁμογενεῖ εἰς τοῦτο συνεργεῖ.

ιέ. Τὰ μὲν σπεύδει γίνεσθαι, τὰ δέ σπεύδει γεγονέναι· καὶ τοῦ γινομένου δὲ ἤδη τι ἀπέσβη· ῥύσεις καὶ ἀλλοιώσεις ἀνανεοῦσι τὸν κόσμον διηνεκῶς, ὥσπερ τὸν ἄπειρον αἰῶνα ἡ τοῦ χρόνου ἀδιάλειπτος φορὰ νέον ἀεὶ παρέχεται. Ἐν δὴ τούτῳ τῷ ποταμῷ τί ἂν τις τούτων τῶν παραθεόντων ἐκτιμήσειεν, ἐφ' οὗ στῆναι οὐκ ἔξεστιν; ὥσπερ εἴ τίς τι τῶν παραπετομένων στρουθαρίων φιλεῖν ἄρχοιτο· τὸ δ' ἤδη ἐξ ὀφθαλμῶν ἀπελήλυθεν. Τοιοῦτον δή τι καὶ αὐτὴ ἡ ζωὴ ἑκάστου, οἷον ἡ ἀφ' αἵματος ἀναθυμίασις, καὶ ἡ ἐκ τοῦ ἀέρος ἀνάπνευσις. Ὁποῖον γάρ ἐστι τὸ ἅπαξ ἑλκῦσαι τὸν ἀέρα καὶ ἀποδοῦναι, ὃ παρ' ἕκαστα ποιοῦμεν, τοιοῦτόν ἐστι καὶ τὸ τὴν πᾶσαν ἀναπνευστικὴν δύναμιν, ἣν χθὲς καὶ πρώην ἀποτεχθεὶς ἐκτήσω, ἀποδοῦναι ἐκεῖ, ὅθεν τὸ πρῶτον ἔσπασας.

ιϛ'. Οὔτε τὸ διαπνεῖσθαι, ὡς τὰ φυτὰ, τίμιον, οὔτε τὸ ἀναπνεῖν, ὡς τὰ βοσκήματα καὶ τὰ θηρία, οὔτε

I

Schriftsatz mit Musiknoten

Aliam mediam partem cum ipsa sinistra ponit super Patenam, et dextera tenens particulam super Calicem, sinistra Calicem, dicit:

Cum ipsa particula signat ter super Calicem, dicens:

Particulam ipsam immittit in Calicem, dicens secrete:

HÆc commíxtio et consecrátio Córporis et Sánguinis Dómini nostri Jesu Christi, fiat accipiéntibus nobis in vitam ætérnam. Amen.

cáta mundi, miserére nobis.

Agnus Dei, qui tollis peccáta mundi, miserére nobis.

Agnus Dei, qui tollis peccáta mundi, dona nobis pacem.

In Missis pro Defunctis non dicitur miserere nobis: sed ejus loco, dona eis réquiem, et in tertio additur sempitérnam.

Deinde junctis manibus super Altare, inclinatus dicit sequentes Orationes.

DOmine Jesu Christe, qui dixísti Apóstolis tuis: Pacẽ relínquo vobis, pacẽ meam do vobis: ne respícias peccáta mea, sed fidem Ecclésiæ tuæ: eámque secúndum voluntátẽ tuam pacificáre et coadunáre dignéris. Qui vivis et regnas Deus per ómnia sæcula sæculórũ. Amen.

Links: Hammer-Purgstall „Antonius Marcus", Schriftguß und Druck Anton Strauß, Wien 1803
Oben: Missale Romanum. Schriftguß und Druck der Offizin der Mechitaristen, Wien 1830

I

Erneuerung aus dem historischen Vorbild

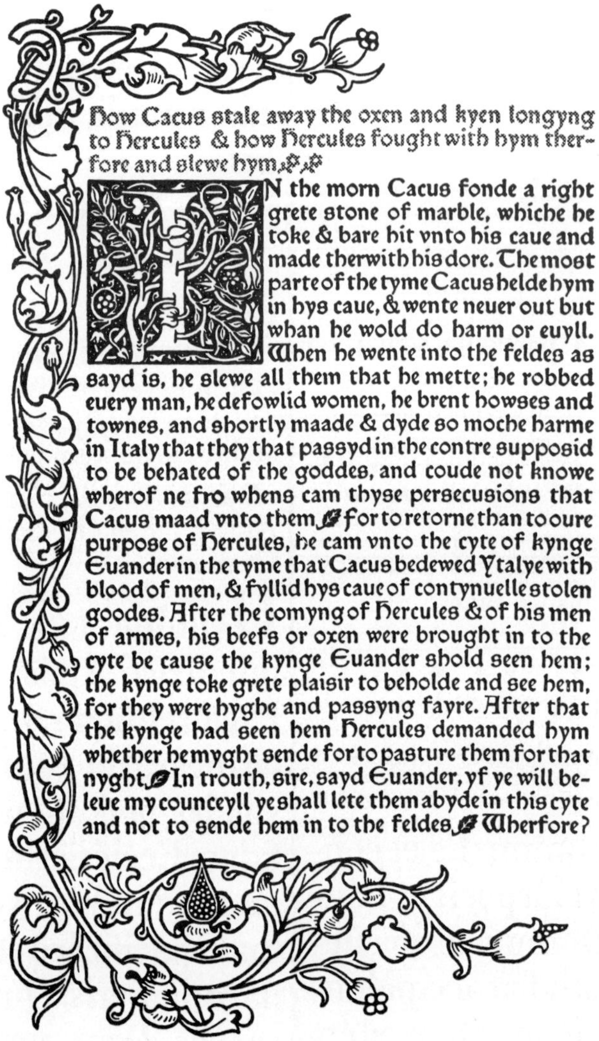

How Cacus stale away the oxen and kyen longyng to Hercules & how Hercules fought with hym therfore and slewe hym.

IN the morn Cacus fonde a right grete stone of marble, whiche he toke & bare hit vnto his caue and made therwith his dore. The most parte of the tyme Cacus helde hym in hys caue, & wente neuer out but whan he wold do harm or euyll. When he wente into the feldes as sayd is, he slewe all them that he mette; he robbed euery man, he defowlid women, he brent howses and townes, and shortly maade & dyde so moche harme in Italy that they that passyd in the contre supposid to be behated of the goddes, and coude not knowe wherof ne fro whens cam thyse persecusions that Cacus maad vnto them. For to retorne than to oure purpose of Hercules, he cam vnto the cyte of kynge Euander in the tyme that Cacus bedewed Ytalye with blood of men, & fyllid hys caue of contynuelle stolen goodes. After the comyng of Hercules & of his men of armes, his beefs or oxen were brought in to the cyte be cause the kynge Euander shold seen hem; the kynge toke grete plaisir to beholde and see hem, for they were hyghe and passyng fayre. After that the kynge had seen hem Hercules demanded hym whether he myght sende for to pasture them for that nyght. In trouth, sire, sayd Euander, yf ye will beleue my counceyll ye shall lete them abyde in this cyte and not to sende hem in to the feldes. Wherfore?

Erneuerung in der Buchgestaltung, England. William Morris, Kelmscott Press, 1892

In dem Mißverſtändnis, mit dem die meiſten Geſchäftsleute den künſtleriſchen Forderungen der jüngſten Zeit begegnen, fanden wir, die wir ſelber Künſtler ſind, den Anlaß, vor etwa Jahresfriſt unſere »Steglitzer Werkſtatt« zu gründen, in welcher, neben allen anderen Zweigen angewandter Kunst, vorzüglich die Druckerei gepflegt wird, und zwar in einer Weiſe, die dazu berechtigt, von ihr, wie in ihrer ſchönſten Blütezeit, als von einer Buchdruckerkunſt ſprechen zu dürfen. Es ſoll in dieſen einfachen, anſpruchsloſen Erzeugniſſen ein wohlthuender Gegenſatz geſchaffen werden zu dem, was ſich, als «Mode» ausgeſchrieen, unter dem Sammelworte »Sezeſſions- oder Jugendſtil« überall ſpreizt, ein Ruhepunkt für die Augen in dem zappligen und flimmernden Gewirre von Schnörkeln. Sie werden auch dann und wann Gelegenheit finden, für Ihren Bedarf ſich einer Druckerei zuzuwenden und ſollen durch dieſes Rundſchreiben gebeten ſein, ſich künftig unſerer Offizin zu erinnern. Steglitz, im Herbſte 1901.

Die «Steglitzer Werkstatt»

Beispiel für Buchgestaltung, beeinflußt durch den Jugendstil. Eckmann-Schrift, 1901

Abb. 6
Michael Wolgemut, Wien. Holzschnitt aus Hartmann Schedels Weltchronik. Nürnberg 1493

gegeben: das Stift Melk, das mehrmals abgebildet ist (auf Rundbild Nr. 1, 7, 9 und 10), die Stifte Klosterneuburg, Heiligenkreuz und Klein-Mariazell (alle auf Rundbild 13) und die Wiener Schottenkirche (Rundbild 19). Andere Gebäude machen wohl den Eindruck, als entsprächen sie wirklichen Objekten, doch ließen sie sich bisher nicht identifizieren (z. B. Rundbild 14 und 18).

Ziemlich naturgetreu dürfte auch die Ansicht des alten Wasserschlosses Laxenburg auf Rundbild Nr. 22 sein. Wir können sie nur mit dem erheblich späteren Kupferstich von Georg Matthäus Vischer (78) vergleichen (Abb. 7–8), denn sonst existiert kein älteres Bild des Schlosses. Die Wasserburg war nicht groß, das geht aus beiden Bildern hervor. Man erreichte sie über eine Holzbrücke, die am Ufer durch einen kleinen Turm gesichert war. Die Burg wurde von Herzog Albrecht III. (1365–1395) seit 1381 durch den Wiener Baumeister Michael Knab errichtet. (79) Die reiche, gotische Architektur, wie sie das Bild des Stammbaums zeigt, paßt zum Stil dieses Meisters, der am Wiener Stephansdom tätig war und wahrscheinlich die Lichtsäulen in Wien, Wiener Neustadt (Spinnerin am Kreuz) und Klosterneuburg errichtete. Allerdings hat der Maler des Bildes die Burg stark verkleinert. Denn wie aus Vischers Kupferstich ersichtlich ist, hatte das eigentliche Wasserschloß eine Vorburg und war weiter hinten durch zwei Türme gesichert, deren Reste noch im heutigen Baukörper stecken. Das Bild des Stammbaums scheint nur den Torturm der Vorburg wiederzugeben. Das Wasserschloß muß man sich wohl hinter dem rechten Bildrand vorstellen.

Noch ein zweiter Unterschied fällt auf. Auf Vischers Stich ist deutlich der gedeckte Holzgang zu sehen, der zu dem mitten im Wassergraben stehenden „Wasserturm" führt. Dieser Turm beherbergte ein Bad und war in seinem Obergeschoß als Aussichtspunkt und Erholungsraum ausgebaut. Er findet sich auch auf dem Stammbaum wieder, jedoch auf der falschen Seite. Aus kompositorischen Gründen hat ihn der Maler links vom Haupteingang eingezeichnet, wodurch er das Bild in die Tiefe führen kann. Die topographische Wirklichkeit erscheint also hier zugunsten der Bildkomposition manipuliert.

Eine Mischung von Wirklichkeitstreue und Phantasie gibt es auch auf anderen Darstellungen des Stammbaums. Stockerau und Kreuzenstein auf Rundbild 2 stehen in ähnlichem Zwielicht, ebenso die Bischofsstädte Freising und Salzburg (Bild 16 und 17) und die ganz kuriose Ansicht von Klosterneuburg auf Rundbild 25. Man sollte meinen, daß der Maler zumindest Klosterneuburg, die Stadt, in der er arbeitete, wirklichkeitsgetreu abgebildet hätte. Dem ist aber nicht so. Nur die allgemeine Anlage mit Oberer und Unterer Stadt stimmt. Im einzelnen weicht das Bild stark von der

Gegenwärtige Buchgestaltung: Seite mit Holzschnittfaksimile (Michael Wolgemut: Wien, aus Hartmann Schedels Weltchronik, Nürnberg 1493) aus „Der Babenberger Stammbaum im Stift Klosterneuburg". Edition Tusch, Wien 1975

II Die Entwicklung der Schriften

Die Formen unserer Schriftzeichen sind keineswegs willkürlich geschaffen worden, sondern haben sich im Sinne des Wachsens und Veränderns entwickelt. Sie dokumentieren gleichsam in ihrer Entwicklungsgeschichte mehrere Kulturkreise. Auf die Schriftformen des europäischen Kulturraumes bezogen, lassen sich — wie in einem Spiegel — alle Wandlungen erkennen, die der Wechsel der Stilepochen mit sich brachte. Jeder neue Stil hat auch die Schriftbilder neu geprägt, dadurch die Formenbestände gemehrt und zu unserem heutigen Schriftenreichtum geführt.

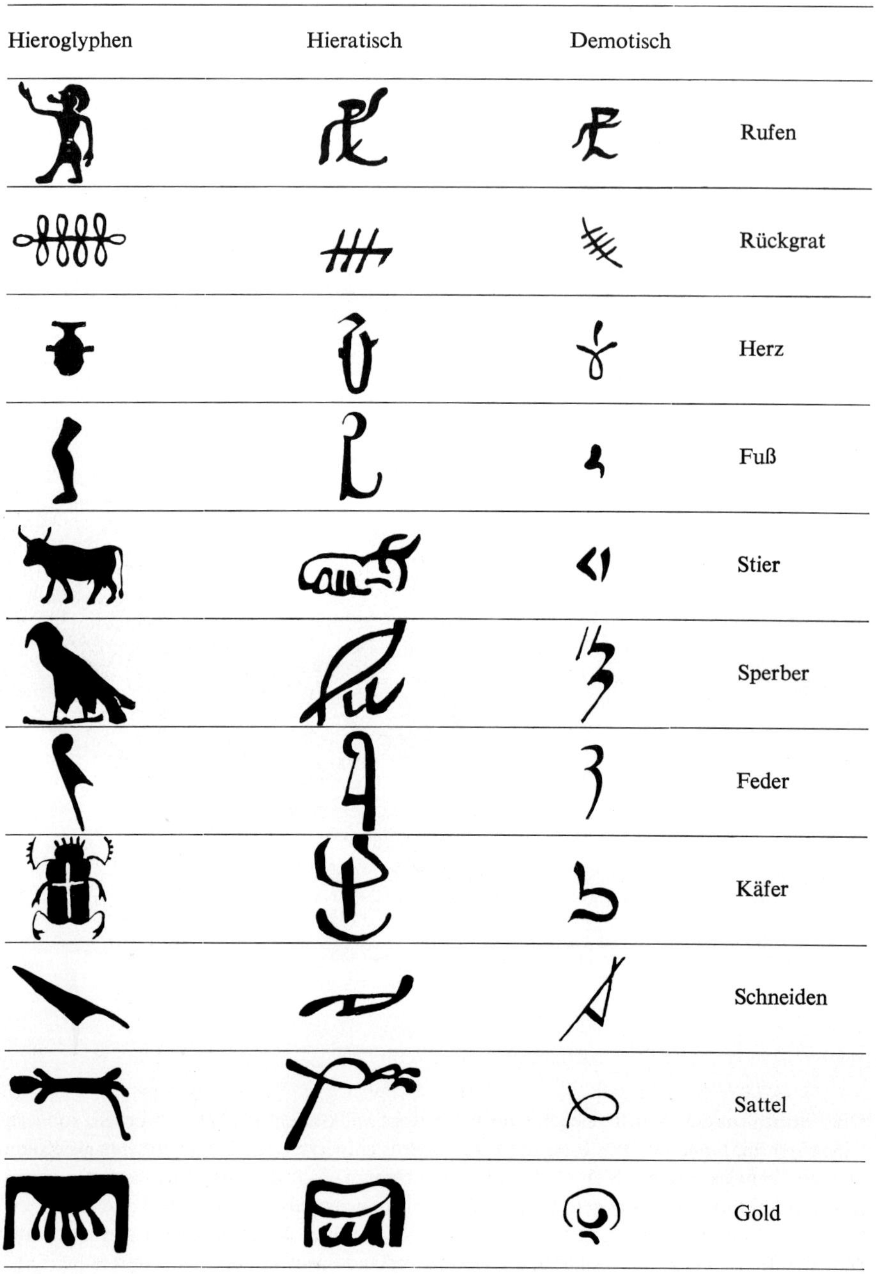

Entwicklung der Schrift vom Bild über die Abstraktion bis zum Schriftsymbol

Leinwandstreifen mit Figuren und demotischer Schrift. Totenbuch, 1000 v. Chr.

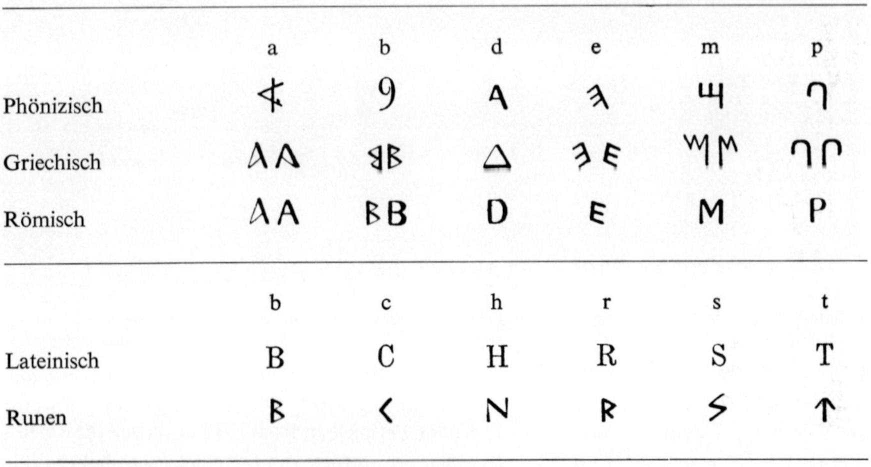

Das Alphabet: Die Grundlage für alle Gestaltungen der Buchstaben, sei es durch Meißeln, Gravieren, Schreiben oder Zeichnen, ist das Alphabet. Als Entstehungsraum ist sicher das Gebiet um den Südosten des Mittelländischen Meeres anzunehmen. Aus der geschichtlichen Überlieferung ist zu erkennen, daß das Alphabet bei den Phöniziern bereits voll ausgeprägt war. Es bleibt allerdings zweifelhaft, ob ihnen allein die Entwicklung unserer Lautzeichenreihe zuzuschreiben ist, da sie aus dem ägyptischen Kulturgut Teile übernommen und weiterentwickelt haben. Von den Phöniziern sind die Schriftzeichen auf die Griechen und später von Griechen auf die Römer übergegangen. Bei jeder Aufnahme haben die Zeichen Veränderungen an Form und Bedeutung erfahren.

II

Römische Capitalis

Inschrift (Ausschnitt) der Trajanssäule auf dem Forum romanum. Rom, 113 n. Chr.

Römische Capitalis: Wer die Wandlungen unserer Schrift bis in die Jetztzeit verfolgt, erkennt, daß die römische Großbuchstabenschrift den Anfang bildet. Die ausdrucksvollen Formen der Römischen Capitalis – als besonders schöne Beispiele in Rom am Titusbogen (81 n. Chr.) und an der Trajanssäule (113 n. Chr.) zu sehen – wurden von Steinmetzen zu hoher Blüte geführt. Das strenge Bild der Capitalis mit ihren edlen Bogen und den keilförmigen Balkenendungen läßt die Verwendung des Meißels erkennen. In der Capitalis widerspiegelt sich die Größe eines Reiches; sie kommt also einer Staatsschrift, einem Kultursymbol gleich.

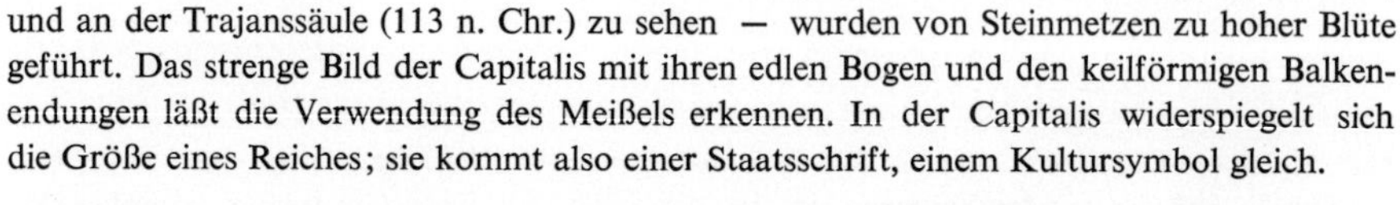

Capitalis Quadrata, 3. Jahrhundert

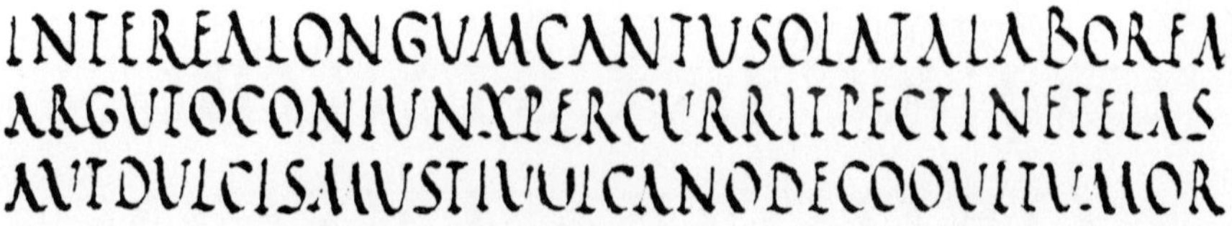

Capitalis Rustica, 2. und 3. Jahrhundert

Die Rustica (lat. rustica = bäuerlich, grob) — ebenfalls eine Capitalis — prägt den Charakter der Schreiberschrift. Sie ist eine Abwandlung der Römischen Capitalis und entstand im 2. und 3. Jahrhundert durch Schreiben mit der Rohrfeder auf Papyrus.

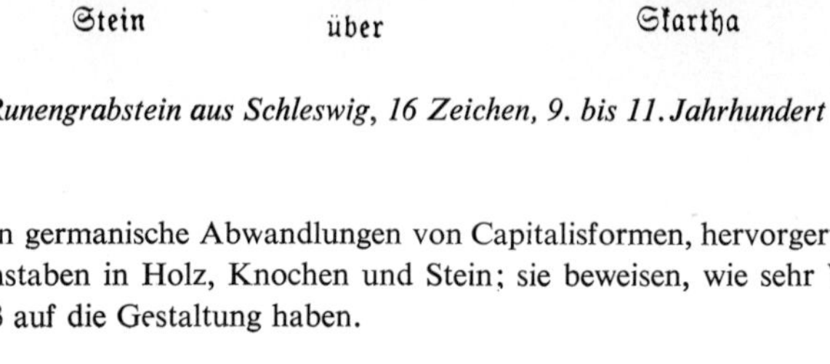

Runengrabstein aus Schleswig, 16 Zeichen, 9. bis 11. Jahrhundert

Die Runen zeigen germanische Abwandlungen von Capitalisformen, hervorgerufen durch das Ritzen der Buchstaben in Holz, Knochen und Stein; sie beweisen, wie sehr Werkzeug und Material Einfluß auf die Gestaltung haben.

II
Uncialis

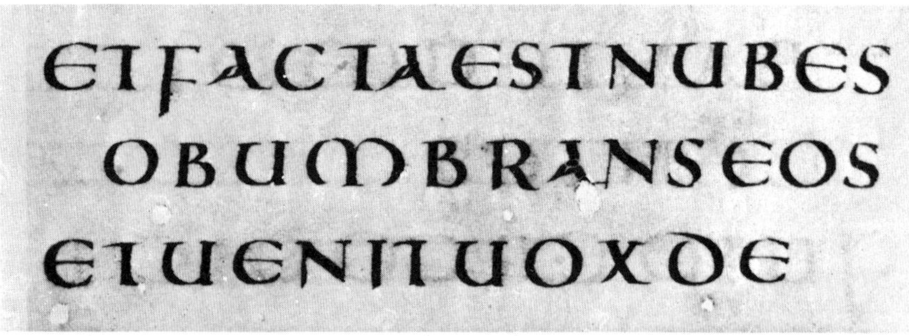

Uncialis aus dem 5. Jahrhundert

Die Uncialis (lat. uncia = Zoll) ist eine runde Schrift, die im 3. bis 6. Jahrhundert in hoher Blüte steht. Wie die Rustica läßt die Uncialis die Hand des Schreibers erkennen. Ihre Formen wirken feierlich, dem Ernst des Zeitgeistes angemessen, und werden so zum Schriftsymbol des frühen Christentums.

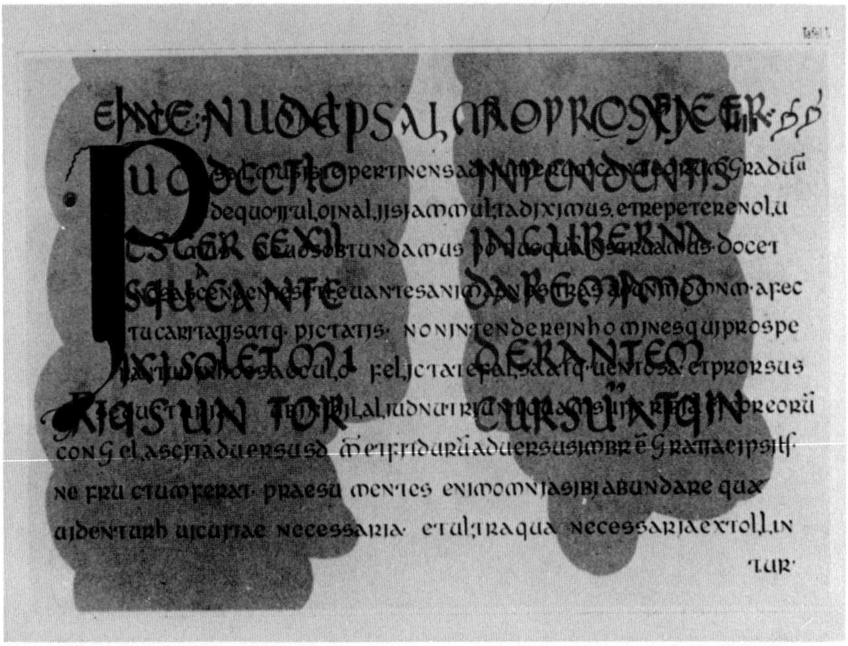

Lateinischer Palimpsest (beschriebenes Pergament, nach Tilgung der Schrift neu beschrieben)

II

Kanzlei

Die Schwabacher als Ausdruck des Bürgerlichen — breit und behäbig — ist am Anfang des 16.Jahrhunderts entstanden. Sie wurde nur in einigen voneinander wenig abweichenden Arten geschnitten. Die Schriftform ist kaum außerhalb des süddeutschen Raumes anzutreffen.

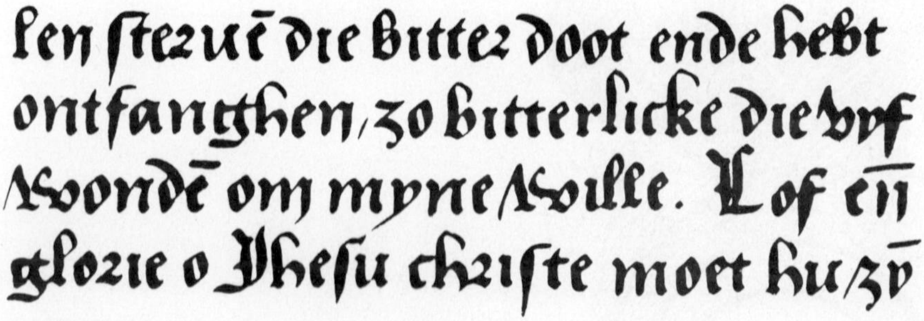

Übergang zur Kanzleischrift, 15.Jahrhundert

An die Arbeit der Schreiber in den höfischen Kanzleien erinnern Name und Charakter einer Schrift, die wir heute noch so bezeichnen: **„Kanzlei"**. Sie stellt eine flüssigere, durch das Schreiben veränderte gotische Schrift dar und weist bereits auf das große Schriftgebiet der Fraktur in weiterem Sinne hin

Kanzleischrift (Nibelungenlied). Ambraser Heldenbuch, 1504—1516

II
Fraktur

Aus einer Schreibvorlage von Paul Frank, um 1600

Die Fraktur (lat. fractura = Bruch) stammt aus der ersten Hälfte des 16. Jahrhunderts. Die Schreiber haben hier ihre gotischen Schriftvorlagen nicht nachgeahmt — wie etwa bei der Kanzlei —, sondern sie abgewandelt und verändert. Dabei legten sie besonderes Gepränge in die Großbuchstaben; aber auch an den Gemeinen ist ihre Freude am Gestalten zu erkennen. Die Fraktur ist im Gegensatz zur Schwabacher elegant — man kann in ihr das Höfische erfühlen. Das deutsche Barock findet dann in der Fraktur den Schriftausdruck vorgeformt, der ihm — nach der Ausdrucksweise — am besten entspricht.

Mit dem Barock gelangen die großen Kunststile zu ihrem vorläufigen Abschluß, und so bleibt auch die Fraktur der letzte starke Ausdruck in der Reihe der gebrochenen Schriften.

Wohl formt der Rokokostil an den barocken Frakturschriften, aber ebenso wie auf allen anderen Kunstgebieten vermögen erst das 19. und das 20. Jahrhundert mit der Moderne, beispielsweise im Jugendstil, vollkommen neue Richtungen zu weisen. Hievon werden allerdings die Frakturschriften nur noch in wenigen Neuschöpfungen erfaßt. Dennoch ist zu hoffen, daß die Frakturschriften weiterhin gepflegt werden und ihr Formenreichtum erhalten bleibt.

II

Renaissance Antiqua

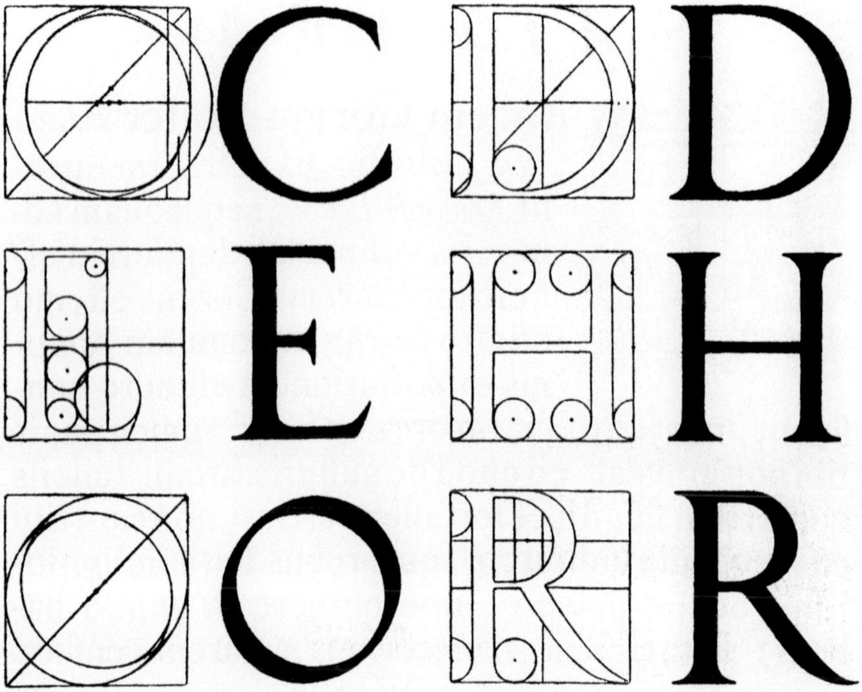

Konstruktion von Antiquaversalien, Albrecht Dürer. Die Buchstabenbilder sind auf das Quadrat bezogen; der Grundstrich beträgt 1 Zehntel des Quadrats

Die Renaissance-Antiqua: Die vor allem von Florenz ausgehende Renaissance, die Wiederbelebung der Antike, führt auch zur Wiederaufnahme der Antiqua. Der Erneuerungsprozeß verschmilzt die Großbuchstaben der Römischen Capitalis mit den Kleinbuchstaben der Karolingischen Minuskeln zu einem neugestalteten Alphabet. Dabei nehmen die Minuskeln der Schreiber Einzelheiten von den Steinmetzenformen der Majuskeln, etwa die Schraffen, an.
Der Antiqua der Renaissance begegnet man bereits in der Frühdruckzeit. Somit haben die ersten Drucker schon beide Alphabete gekannt, ihre Formen entwickelt, geschnitten und in ihren Werken angewendet. Berühmte Meister der Antiqua sind in Venedig Nikolaus Jenson und Aldus Pius Manutius, der bereits 1501 mit einer Kursiv – entstanden durch das Schreiben der Antiqua – druckte.

Die Renaissance-Antiqua erhält später, im 19. Jahrhundert, zur Unterscheidung von den klassizistischen (barocken) Antiquaschriftformen den Namen „Mediäval“, also die „Mittelalterliche“.

SALVTEM.

TAndem Corvus noſter *Fragmen panis* diu expectatum attulit *Religioſe Lector*, nequaquam admireris velim eam dapiferi in officio tarditatem ; Corvus eſt, quì uſitato *ſuo cras cras* omnem hominis expectationem eludere conſuevit, niſi forte tantam orexim hoc fragmen panis tibi non moveat, eo quod de auſteris Eremi delicijs confectum ſit, dices fortaſſe apertiùs, non eam tibi eſſe legendi aviditatem, quæ rebus ſcitu indigniorib us oculos paſcere, imo obruere in animo habeas : ſi ita eſt plures è veteribus in parem cenſuræ

):(4 ſortem

Renaissance-Antiqua mit Kursiv

Die Schreibschriften entwickeln sich während der Renaissancezeit (ähnlich wie die Kursivschriften) in den italienischen Kanzleien auf der Grundlage des Schreibens. An ihrer weiteren Formung waren französische und englische Kupferstecher maßgebend beteiligt (wir sprechen heute noch von englischen Schreibschriften). Zum Unterschied von der Kursiv, die als Schriftschnitt ein Teil der Grundschrift geblieben ist, hat die Schreibschrift ihre eigene Note gefunden und bewahrt.

Die klassizistische Antiqua, oder wie der Schriftsetzer sie auch nennt „französische Antiqua", ist gegen Ende des 18. Jahrhunderts entstanden. In ihr findet besonders das strengere französische, aber auch das englische Barock (Klassizismus) seine Schriftprägung. Klassizistische Antiqua und Fraktur desselben Zeitraumes begegnen einander wie französisches und süddeutsches Barock.

II

Titelseite

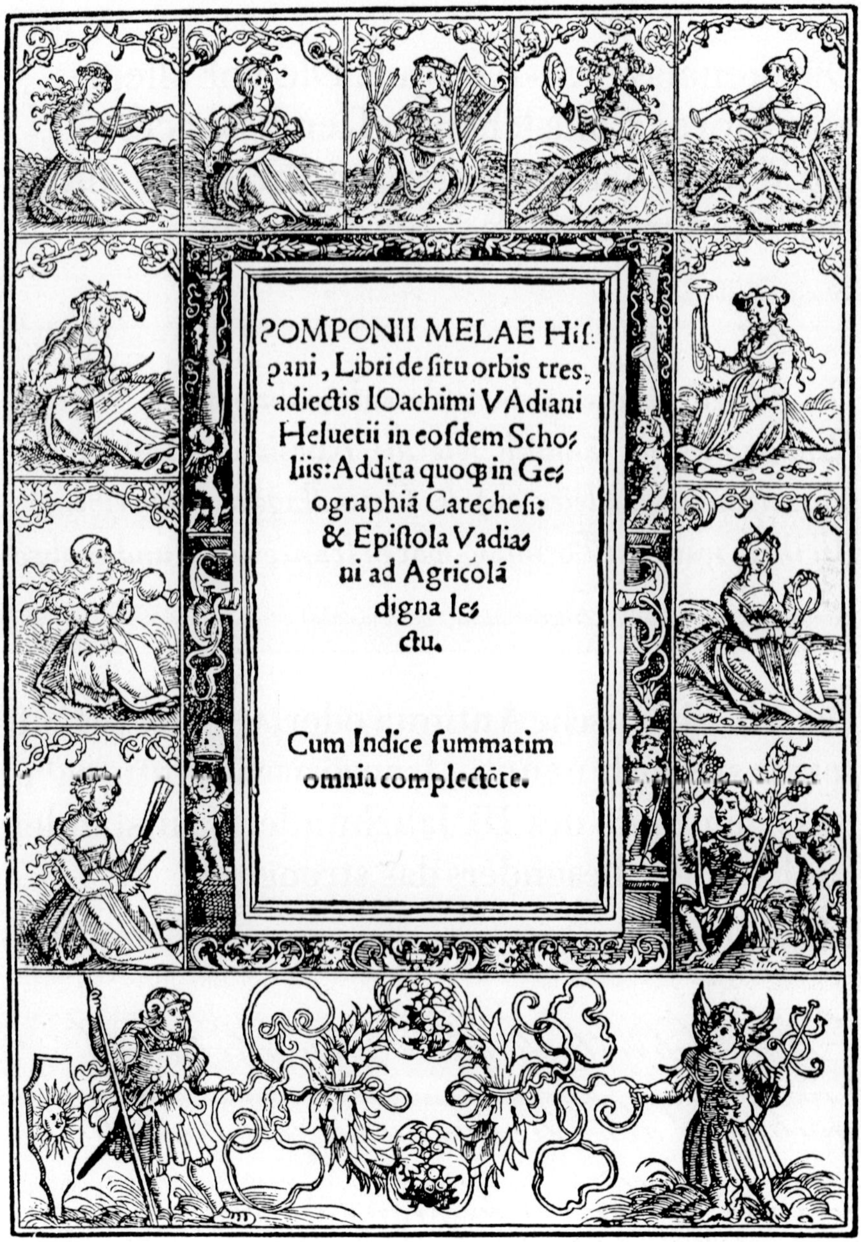

POMPONII MELAE Hiſ-
pani, Libri de ſitu orbis tres,
adiectis IOachimi VAdiani
Heluetii in eoſdem Scho-
liis: Addita quoqꝫ in Ge-
ographiā Catecheſi:
& Epiſtola Vadia-
ni ad Agricolā
digna le-
ctu.

Cum Indice ſummatim
omnia complectēte.

Buchtitel aus Renaissance-Antiqua in Holzschnittrahmen. Johannes Singriener, 1511

Die Renaissance-Antiqua. Die vor allem von Florenz ausgehende Renaissance, die Wiederbelebung der Antike, führt auch zur Wiederaufnahme der Antiqua.

Renaissance-Antiqua

Die Schreibschriften entwickeln sich während der Renaissancezeit (ähnlich wie die Kursivschriften) in den italienischen Kanzleien auf der Grundlage des Schreibens. An ihrer weiteren Formung waren französische und englische

Renaissance-Schreibschrift (Zeitgenössische Nachschöpfung)

Die klassizistische Antiqua oder, wie der Schriftsetzer sie auch nennt, „französische Antiqua", ist gegen Ende des 18. Jahrhunderts entstanden. In ihr findet besonders das strengere

Klassizistische Antiqua

Die Schreibschriften entwickeln sich während der Renaissancezeit (ähnlich wie die Kursivschriften) in den

Englische Schreibschrift

II

Schriftproben
serifenbetont
serifenlos

Die Reihe der runden Schriften setzt sich, anders als die der gebrochenen Schriften, im 19. Jahrhundert noch in zwei ausgeprägten Arten fort. Die Egyptienne erscheint erstmals

Egyptienne, serifenbetont

Die Grotesk ist die letzte markante Schöpfung in der Reihe der runden Schriften. Wie die Egyptienne hat sie ihren Ursprung in England. Es mag im Jahre 1832 wirklich grotesk, also merkwürdig

Grotesk, serifenlos

Die Reihe der runden Schriften setzt sich, anders als die der gebrochenen Schriften, im 19. Jahrhundert noch in zwei ausgeprägten Arten fort.

Die Egyptienne erscheint erstmals in England im Jahre 1816. Sie ist als eine Vergröberung der klassizistischen Antiqua zu betrachten. Der Name deutet auf jene Zeit, die sich, im Anschluß an Napoleons Feldzug, der Erforschung der ägyptischen Kultur widmete. Die Entzifferung der Schriften, die sich auf dem Stein von Rosette befinden, machte alles Ägyptische zur Mode, so daß die im selben Zeitraum entstehende Schrift den Namen Egyptienne erhielt.

Die Grotesk ist die letzte markante Schöpfung in der Reihe der runden Schriften. Wie die Egyptienne hat sie ihren Ursprung in England. Es mag im Jahre 1832 wirklich grotesk, also merkwürdig angemutet haben, als der englische Schriftgießer Vincent Figgin eine völlig schmucklose Schrift herstellte, bei der Anstriche und Schraffen fehlten. Die damals wegen ihrer Schlichtheit sonderbar wirkende serifenlose Schrift ist bis heute so oft abgewandelt und geschnitten worden, daß man sie als den Schriftausdruck der Moderne bezeichnen darf.

Schrifterneuerung zu Beginn des 20. Jahrhunderts: Im Verlaufe des 19. Jahrhunderts kam es zu einem Verfall der Schriftformen und der Typographie. Zu Beginn des 20. Jahrhunderts setzte, einer Gegenströmung vergleichbar, eine umfassende Bewegung zur Erneuerung des künstlerischen Ausdrucks ein, von dem auch die Schriftformung erfaßt wurde (in Wien: Sezession – Jugendstil). Die Meister der neuen Schrift sind: Otto Eckmann, Rudolf Larisch, Peter Behrens, William Morris, Edward Johnston, Lucian Bernhard, Rudolf Koch, Walter Tiemann und andere. Ihre Bemühungen sind ein Teil – wieder typisch für die Verbindung von Schrift mit anderen Ausdrucksformen der Kunst – der beginnenden Moderne geworden.

Gegenwärtiges Schriftschaffen: Jede neue Schriftschöpfung, aber auch ihre Anwendung hat in der Kenntnis der historischen Schriftstile ihre notwendige Grundlage. Man kann bei den heute entstehenden Schriften drei Bestrebungen beobachten.
Viele Werkschriften sind als sogenannte Nachschnitte zu bezeichnen. Solche Schriftformen werden von Künstlern nach historischen Vorlagen – Zeichnungen oder Drucken – nachgestaltet, und dies oft so streng, daß man kaum Unterschiede zwischen der neuen Schrift und der alten Vorlage erkennen kann. Ein Beispiel dafür sind die Nachschnitte der Garamond oder Bodoni, die als Handsatzschriften und als Setzmaschinenmatrizen hergestellt werden. Eine wesentliche Entwicklung zeigt der Austausch von bewährten Schriften innerhalb der Setzmaschinensysteme beispielsweise Linotype-Monotype, welcher erstmals mit der Sabon-antiqua durch die Schriftgießerei D. Stempel erfolgte. Der Idealfall tritt dann ein, wenn dieselbe Schrift – in den entsprechenden Schriftgraden – im Handsatz, im Maschinensatz (Zeilenguß und Einzelbuchstabenguß), aber auch im Photosatz vorhanden ist. Dies bedingt die Zielsetzung für die weitere Schriftentwicklung, die erfolgreiche Zusammenarbeit von Schriftgießereien und Setzmaschinenfabriken fortzuführen.
Zahlreiche der gegenwärtig entstehenden Schriften (auch solche mit historischen Vorbildern) schneidet man bereits mit Berücksichtigung ihrer Verwendung im Photosatz. Dabei muß beachtet werden, daß die kleinen Schriftbilder nicht zu grob, die großen Schriftbilder nicht zu zart und brüchig geraten. Die Photosatzschriften sind von besonderer Klarheit, so daß man sie ohne wesentlichen Qualitätsverlust als Klischeevorlagen oder für Offset- und Tiefdruck weiterverarbeiten kann.
Die zweite Art der Schriftschöpfungen trägt die Merkmale der stilgeschichtlichen Schriftelemente, die jedoch durch Verändern der Proportionen und durch Mischen der Stilmerkmale abgewandelt erscheinen.
Schließlich gibt es Schriften, die tatsächlich Neuschöpfungen sind, die also nicht oder nur wenige Kennzeichen der Stilepochen tragen. Solche Schriften findet man oft unter den Werbeschriften.

Titelblatt des Schriftprobenbuches von Johann Thomas Trattner, Wien 1760

II

Titelblatt

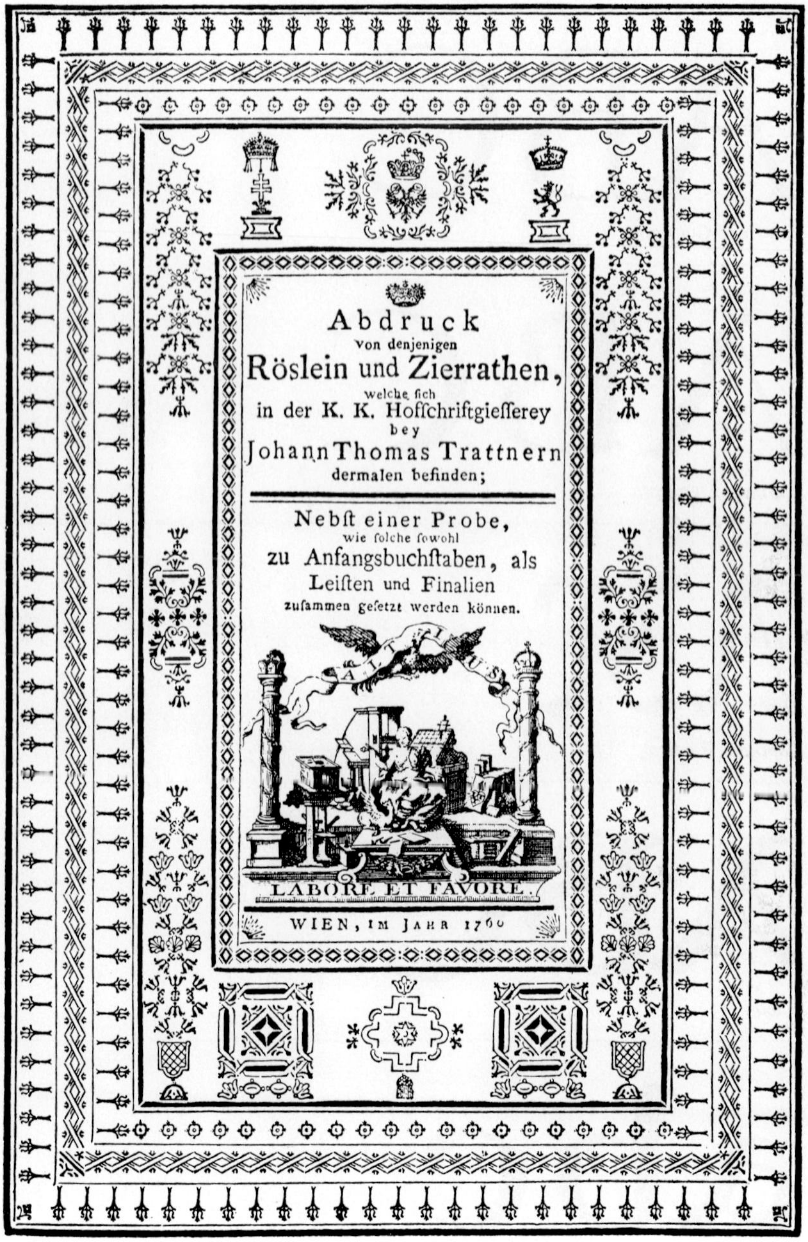
Abdruck
von denjenigen
Röslein und Zierrathen,
welche sich
in der K. K. Hofschriftgiesserey
bey
Johann Thomas Trattnern
dermalen befinden;

Nebst einer Probe,
wie solche sowohl
zu Anfangsbuchstaben, als
Leisten und Finalien
zusammen gesetzt werden können.

ALTIUS

LABORE ET FAVORE.

WIEN, IM JAHR 1760

Römische Capitalis

Capitalis Quadrata

Capitalis Rustica

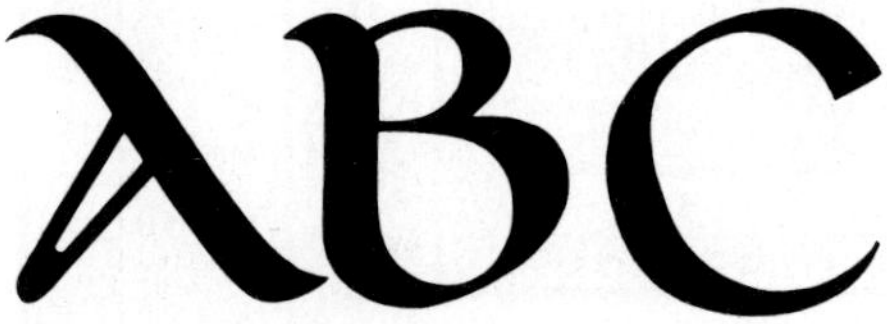

Uncialis

Halbuncialis

abc

Karolingische Minuskel

abc

Beginnende Brechung, Übergang zur Fraktur

abc ABC

Gotisch. Man beachte an den Formen der Versalien die Ableitung von der Uncialis

abc ABC

Rundgotisch, Rotunda

abc ABC

Kanzlei

II

Schriftbilder im Wandel der Stile

abc ABC

Fraktur, Renaissance

abc ABC

Schwabacher

abc ABC

Fraktur, Barock

abc ABC

Renaissance-Antiqua

abc ABC

Renaissance-Kursiv

abc ABC

Renaissance-Schreibschrift

abc ABC

Klassizistische Antiqua

abc ABC

Barocke Schreibschrift. Englische oder französische Schreibschrift abc ABC

Egyptienne, serifenbetont

abc ABC

Italienne, serifenüberbetont

abc ABC

Grotesk (halbfett), ohne Serifen

abc ABC

Grotesk (licht)

abc ABC

Schreibschrift, Schnurzug

II

Stammbaum der Schriftstile

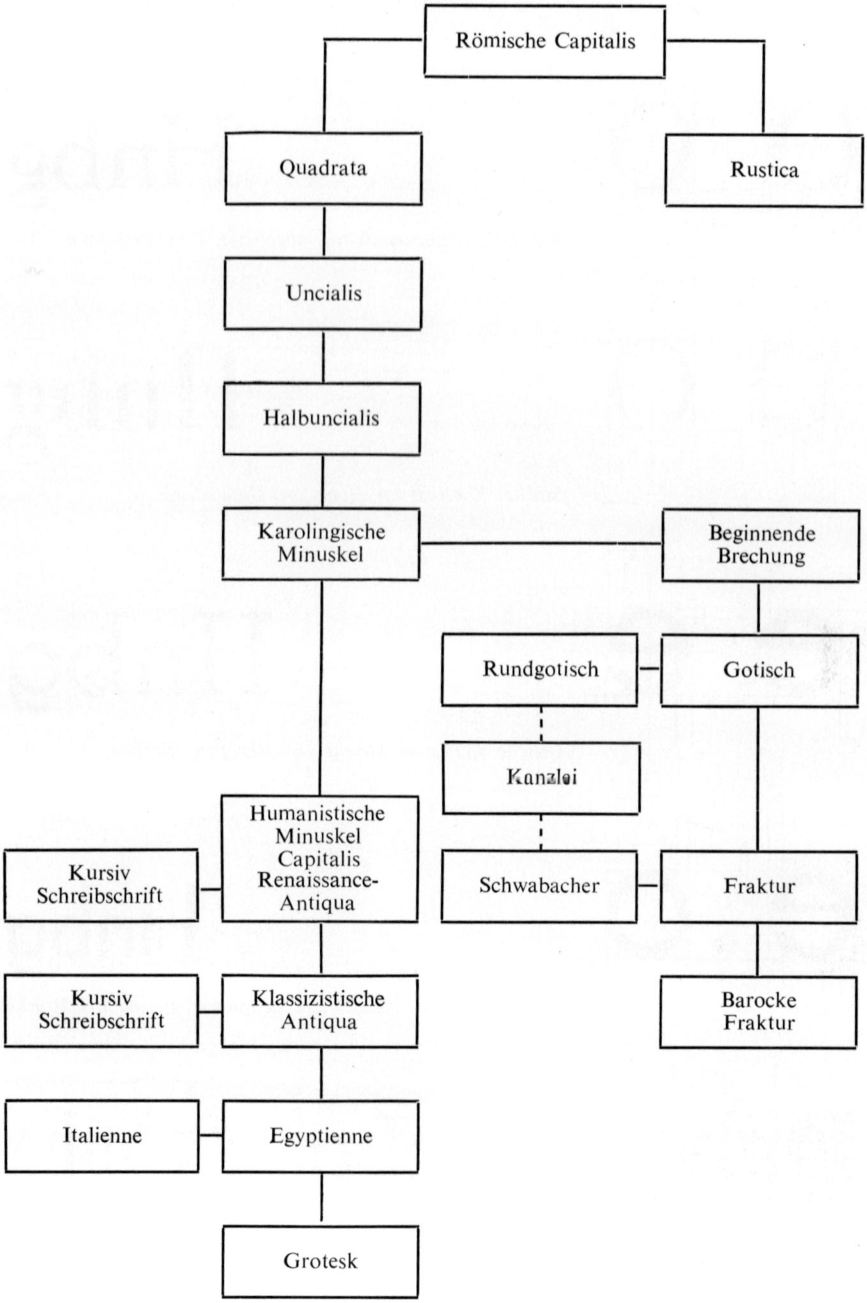

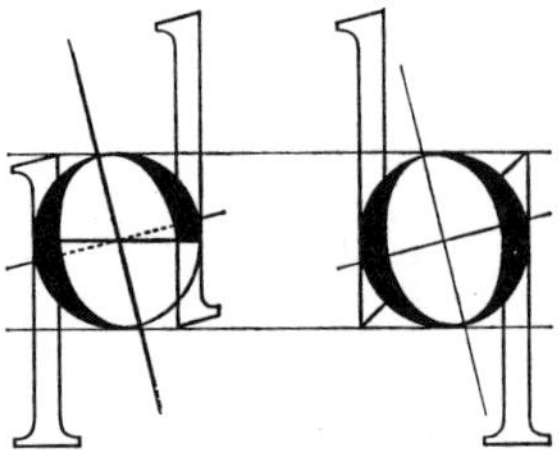

Hnbg

Aus der gemeißelten Schrift abgeleitet, Verschleifungen

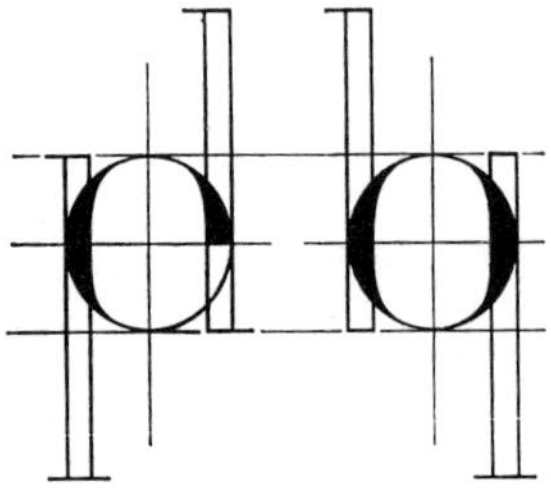

Hnbg

Starker Kontrast von Haar- und Grundstrich

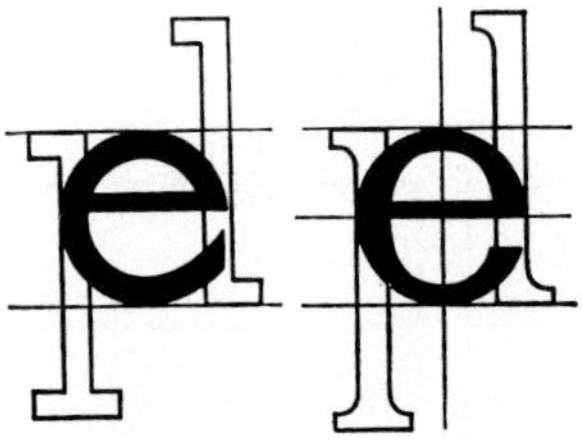

Hnbg

Gleiche Stärke der Striche und Schraffen (Serifen)

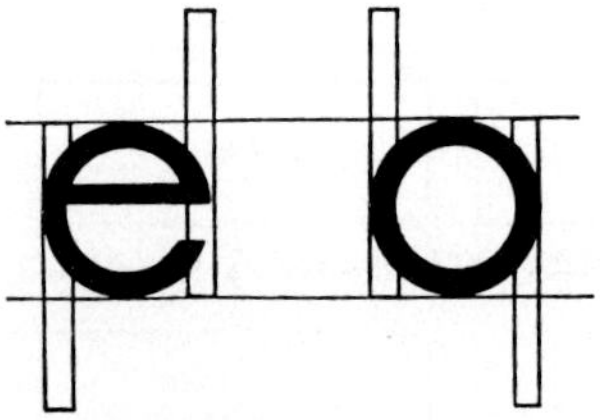

Hnbg

Grundgedanke ist die Schriftkonstruktion, gleiche Strichstärke

Hnbg — *Betonung der Senkrechten*

Hnbg — *Behäbig wirkend*

Hnbg — *Elegante Formen*

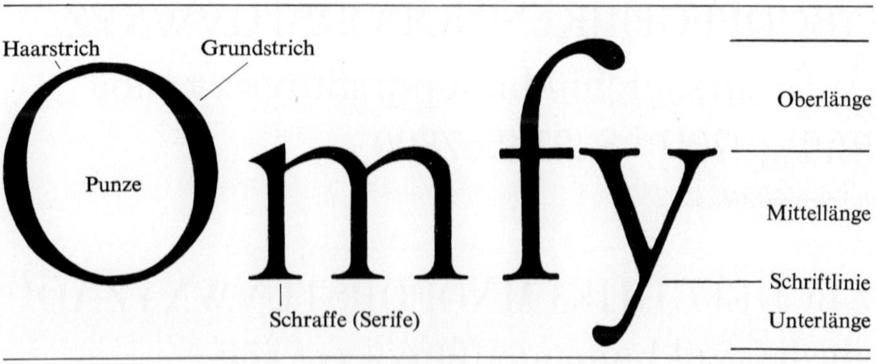

Ältere Antiqua

Renaissance-Kursiv

Schwabacher

Gemilderter Kontrast, ruhiges Wortbild

Jüngere Antiqua

Englische Schreibschrift

Barocke Fraktur

Starker Kontrast, dekoratives Wortbild

Egyptienne

Schraffenlose Schrift

Schnurzug

Kein Kontrast, gleichförmiges Wortbild

II *Schriftfiguren*

ABCDEFGHIJKLMNOPQRSTUVWXYZ
ÄÖÜ abcdefghijklmnopqrsßtuvwxyz äöü
ffffifl ,.;-!?()[]*†§ 1234567890

Renaissance-Antiqua

ABCDEFGHIJKLMNOPQRSTUVWXYZÄÖÜ
abcdefghijklmnopqrsſßtuvwxyz äöü
fffiflftffifflſiſſſt ,.;:-!?',,([]†&§ 1234567890

Klassizistische Antiqua

ABCDEFGHIJKLMNOPQRSTUVWXYZ
ÄÖÜ abcdefghijklmnopqrstuvwxyz
äöü,.;:-"!?()*†§& 1234567890

Egyptienne, serifenbetont

ABCDEFGHIJKAMNOPQRSTUVWXYZ ÄÖÜ
abcdefghijklmnopqrsßtuvwxyz äöü
,.;:-!?',,()[]*†§&1234567890

Grotesk, Serifen (Schraffen) fehlen

ABCDEFGHIJKLMNOPQRSTUVW
XYZ ÄÖÜ abcdefghijklmnopqrssßtuvwxyz
äöü ,.;:-!?'«»()†§& 1234567890

Schreibschrift, kalligraphisch

ABCDEFGHIJKLMNOPQRSTUVWXYZ
ÄÖÜ abcdefghijklmnopqrsßtuvwxyz äöü
fi ff fl ,.;:-!?„()[]*†&§ 1234567890

Pinselschrift, werbend

ABCDEFGHIJKLMNOPQRSTUVWXYZ ÄÖÜ
abcdefghijklmnopqrsßtuvwxyz chck äöü
,.;:.!?'„() 1234567890

Schreibschrift, Schnurzug

ABCDEFGHIJKLMNOPQRST
UVWXYZ ÄÖÜ abcdefghijklmnopqrſ
ßtuvwxyz äöü ſtz ,.;:-!?()*†&§1234567890

Gotisch

ABCDEFGHIJKLMNOPQRSTUVWXYZ
ÄÖÜ abcdefghijklmnopqrsſßtuvwxyz äöü
chckfffiflftſiſſſtz ,.;:-!?'„()[]*†&§ 1234567890

Schwabacher

ABCDEFGHIKLMNOPQRSTUVWXYZ
ÄÖÜ abcdefghijklmnopqrsſßtuvwxyz äöü
fiffflſiſſſtchckz ,.;:-!?'()[]*†&§ 1234567890

Fraktur

II Schriftenklassifikation

Schriften-klassifikation

Ausgehend von der historischen Entwicklung der Schriftformen wurden in mehreren europäischen Ländern Richtlinien ausgearbeitet, die die Schriftenvielfalt ordnen helfen. Ein Ausdruck solcher Bestrebungen ist das deutsche Normblatt DIN 16518, das folgende Schriftenklassifikation vorsieht:

Schriftgruppe nach Normblatt DIN 16518	I	Venezianische Renaissance-Antiqua
	II	Französische Renaissance-Antiqua
	III	Barock-Antiqua
	IV	Klassizistische Antiqua
	V	Serifenbetonte Linear-Antiqua
	VI	Serifenlose Linear-Antiqua
	VII	Antiqua-Varianten
	VIII	Schreibschriften
	IX	Handschriftliche Antiqua
	X	Gebrochene Schriften
	Xa	Gotisch
	Xb	Rundgotisch
	Xc	Schwabacher
	Xd	Fraktur
	Xe	Fraktur-Varianten
	XI	Fremde Schriften

III Die Ziffern

Mit dem Worte „Ziffer“ bezeichnet man das einzelne Zahlzeichen, mit „Zahl“ die Aneinanderreihung mehrerer Ziffern (außer bei den Zahlen von 0 bis 9, die nur aus einer Ziffer bestehen).

Geschichtliches

Das Ursprungsland unserer Zahlzeichen ist Indien. Von dort gelangten sie im 8.Jahrhundert in den arabischen Kulturkreis. Die Araber, die Lehrmeister aller Mathematiker, entwickelten mit Hilfe der Ziffern ihr Zahlen- und Rechensystem. So erinnert uns heute noch das Wort sifr (= Null), das den Ziffern ihren Namen gibt, an deren arabische Heimat.

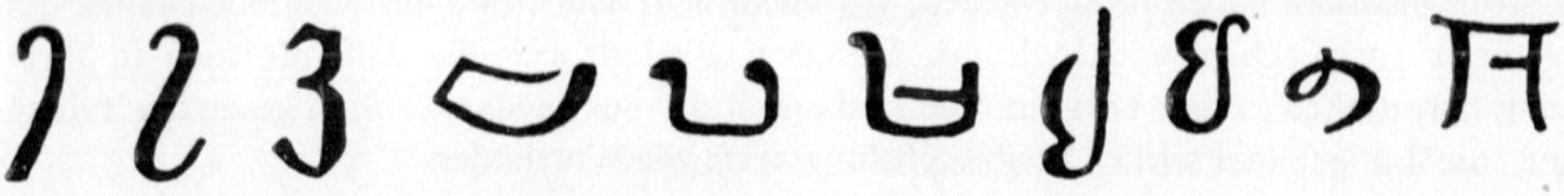

Anfangsbuchstaben der indischen Zahlwörter

Ende des 10.Jahrhunderts kamen die arabischen Zahlzeichen nach Europa und sind hier erstmals im Codex Vigilanus, 976, angewendet worden. Die ältesten Handschriften im deutschsprachigen Raum, die arabische Ziffern aufweisen, stammen aus dem 12. Jahrhundert.

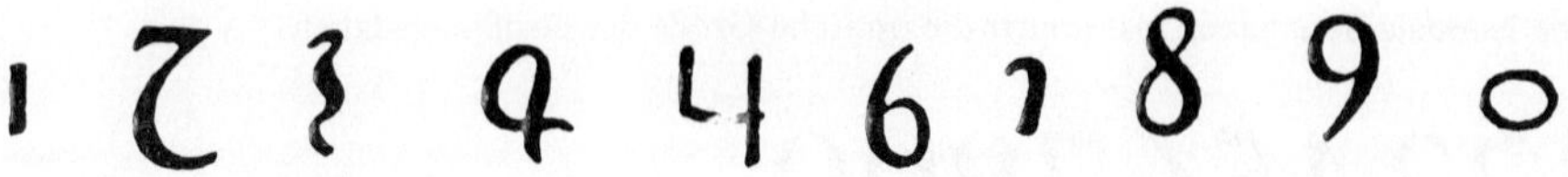

Ziffern der Westaraber

In der Folge lösten sie dann die bis dahin verwendeten römischen Ziffern ab. Im 15.Jahrhundert sind dann die arabischen Ziffern erstmals in Kalendern zu finden. Ab der Mitte des 16.Jahrhunderts kommen arabische Ziffern bereits häufig in gedruckten Büchern vor. Die damals verwendeten Ziffernfiguren sind den heute als Mediävalziffern bezeichneten Formen schon recht ähnlich.

1 2 3 4 5 6 7 8 9 0

Ziffernreihe aus dem 16. Jahrhundert

Im 18. Jahrhundert erschienen die älteren französischen Ziffern, die ihre endgültige Gestalt als Normalziffern zu Beginn des 19. Jahrhunderts gewannen. Ihre Formen gingen sehr schnell in den festen Schriftbestand über; besonders in Büchern mit wissenschaftlichem Inhalt, aber auch in Zeitschriften fanden sie vielfache Verwendung.

Die Ziffernserien

Schriftgießereien und Setzmaschinenfabriken stellen eine Reihe von Ziffern zu den jeweiligen Schriften her. Weiters gibt es auch noch besondere Ziffernreihen, wie beispielsweise Bruchziffern. Die Reihe der römischen Ziffern wird dem Schriftbestand der Antiquaschriften entnommen.

Die Mediävalziffern haben ihren eigenen, vor allem dem Schriftbild der Kleinbuchstaben des Alphabetes entsprechenden Rhythmus. Dadurch gliedern sich die Ziffernformen in ihrer Vielfalt harmonisch in den Text ein. Die Lesbarkeit der aus Mediävalziffern gesetzten Zahlen ist gut; die Zahlenbilder wirken so abwechslungsreich wie Wortbilder.

1234567890

Dort jedoch, wo der Zahl erhöhte Bedeutung zukommt, etwa in einem Lehrbuch für Geschichte oder in Fachbüchern mit Ziffernsätzen, ist es unzweckmäßig, Mediävalziffern zu setzen.

Die Normalziffern haben fast immer die optische Größe der Großbuchstaben.

1234567890

Im Text wirkt das Bild der Normalziffern ähnlich einem Wort aus Großbuchstaben, ist also zu groß. Hingegen entsprechen die Normalziffern besonders in Tabellen, da die Zahlen klar und einprägsam erfaßt werden können.

Als Charakterziffern bezeichnet man jene Ziffernserien, die dem Charakter des Gesamtschriftbildes entsprechen. Die Charakterziffern folgen weder ganz dem Formenprinzip der Mediäval noch dem der Normalziffern; sie gehen also kaum ganz im Text auf, ragen aber auch aus dem Zeilenbild nicht hervor.

1234567890

Bruchziffern werden selten zu einer bestimmten Schrift entworfen. Darin liegt ein gewisser stilistischer Nachteil, denn die vorhandenen Bruchziffernreihen (meist nur eine oder zwei) reichen kaum aus, die Vielzahl der Schriftschnitte richtig zu ergänzen.

Die römischen Ziffern

Die römischen Ziffern und Zahlen werden aus Großbuchstaben der Antiqua gesetzt. An Stelle von Großbuchstaben, die in mancher Schrift störend groß wirken, verwendet man auch Kapitälchen (Großbuchstaben in Höhe der Mittellänge) zur Darstellung von römischen Zahlen. Dies hat den Vorteil, daß das Gesamtschriftbild geschlossen und harmonisch bleibt.

Anwendung: Römische Ziffern verwendet man unter anderem als Ordnungsbegriffe zur Gliederung des Textes sowie zur Bezeichnung von Buchabschnitten und Kapiteln. Auch die zu einem Herrschernamen als Teil des Eigennamens gehörende Zahl wird in römischen Ziffern angegeben (zum Beispiel Ludwig der Vierzehnte = Ludwig XIV.).

Zur Darstellung des Wertes der römischen Zahlen dienen insgesamt sieben Zeichen:

I = 1	X = 10	C = 100	M = 1000
V = 5	L = 50	D = 500	

Die Ziffern werden von links nach rechts — wenn sie vom größeren zum kleineren Wert gereiht sind — addiert. Steht die niedrigere Ziffer *links* von der höheren, so wird sie subtrahiert. Grundsätzlich darf aber nur *ein* kleiner Wert vom größeren abgezogen werden.

VI = 6	IX = 9
LX = 60	XC = 90
DC = 600	IL = 49, aber XLVIII = 48
MDLV = 1555	IC = 99, aber XCVIII = 98

Größere Werte werden in römischen Zahlen vor allem mit Hilfe von IↃ = 500 dargestellt. Ein der Zahl IↃ links angefügtes C verdoppelt, also IↃ = 500, CIↃ = 1000. Ein der Zahl rechts angefügtes Ↄ verzehnfacht, demnach IↃ = 500, IↃↃ = 5000.

III

Römische Ziffern

Das Rechnen mit römischen Zahlen wurde in der Form einer Tabelle ausgeführt; diese Art des Rechnens wird jedoch heute nirgends mehr angewendet.

M	C	X	I	
	V	III	IV	= 534
VI	II	VI	II	= 6262

IV Die Herstellung des Satzes

Schriftsatz wird in zwei Verfahren hergestellt. ① Bleisatz – Handsatz und Maschinensatz – zur Herstellung von Satzformen, die vorwiegend unmittelbar im Hochdruckverfahren in Tiegeldruckpressen, Tiegeldruckautomaten und in Zylinderflachformpressen oder, nach Abformung, in Rollenrotationspressen verarbeitet werden. ② Photosatz wird in einzelnen Satzteilen mit nachfolgender Montage oder bereits als fertige Satzform hergestellt. Er dient zur Druckformenherstellung für den Hochdruck, hauptsächlich jedoch für Flachdruck und Tiefdruck, ebenso für Siebdruck, Flexodruck und Blechdruck.

Bleisatz – Handsatz

Der Setzer verwendet für seine Arbeit Satzmaterial (hauptsächlich aus Bleilegierung), bei dem er zwischen dem druckenden Material und dem nichtdruckenden Material (Blindmaterial) unterscheidet. Alle Größen des Satzmaterials werden nach einem eigenen System gemessen.

Das typographische System. Dieses wurde aus dem französischen Landesmaß, dem Pariser Fuß, durch den Schriftgießer Firmin Didot (1764–1836) entwickelt. Er legte fest: 1 Fuß ist 12 Zoll, 1 Zoll = 12 Linien, 1 Linie = 12 Punkte; 2 Punkte davon bestimmte Didot zum *typographischen Punkt*. Nach Einführung des metrischen Maßes verband der deutsche Schriftgießer Hermann Berthold im Jahre 1879 die beiden Systeme.

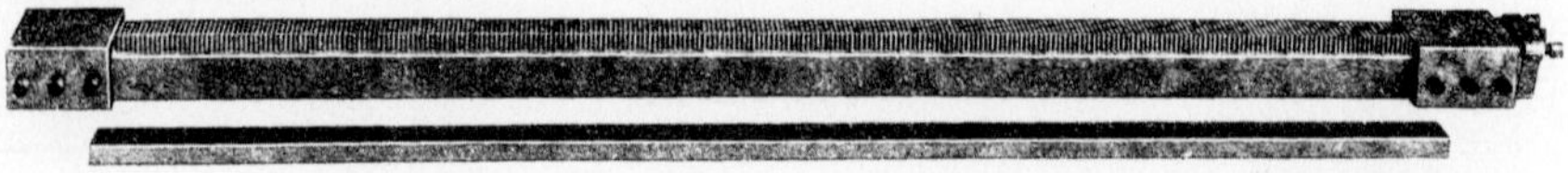

Bertholds Typometer aus dem Jahre 1879

Typographisches Maß → Metrisches Maß	1 Punkt	= 0,376 mm
	12 Punkt	= 4,512 mm (Cicero)
	48 Punkt	= 18,050 mm (Konkordanz)
Metrisches Maß → Typographisches Maß	1 m	= 2660 Punkt
	1 cm	= 26,60 Punkt
	1 mm	= 2,66 Punkt

Im englisch-amerikanischen Raum vollzog sich die Entwicklung ähnlich, jedoch auf der Grundlage des Londoner Fußes (kleiner als der Pariser Fuß); dies führte zum typographischen Grundmaß von 1 Point (oder 1 *Set*), das 0,351 mm mißt. 12 Point (Set) werden als 1 Pica bezeichnet (ähnlich dem Didot-System: 12 Punkt = 1 Cicero).

Gegenüberstellung: englischer Punkt → französischer Punkt

Engl. Punkt	Engl. Zoll	mm	Didot-Punkt	Engl. Zoll	mm
1	0.0138	0,351	1	0.0148	0,376
1½	0.0207	0,527	1½	0.0222	0,564
2	0.0277	0,703	2	0.0296	0,752
3	0.0415	1,054	3	0.0444	1,128
4	0.0553	1,405	4	0.0592	1,504
6	0.0830	2,108	6	0.0888	2,256
8	0.1107	2,811	8	0.1184	3,008
9	0.1245	3,162	9	0.1332	3,384
10	0.1383	3,514	10	0.1480	3,760
11	0.1522	3,865	11	0.1628	4,136
12 (1 Pica)	0.1660	4,216	12 (1 Cicero)	0.1776	4,512
24	0.3320	8,433	24	0.3552	9,025
36	0.4980	12,649	36	0.5328	13,537
48	0.6640	16,865	48	0.7104	18,050

Das druckende Material (deutsche Normalhöhe 62²/₃ Punkt oder 23,567 mm) gliedert sich in:

Schrift	Alphabete, Interpunktionszeichen, ergänzende Zeichen, Akzentbuchstaben.
Ziffern	Ergänzung der Schriften, Spezialziffern.
Zeichen	Mathematische und chemische Zeichen, Kalenderzeichen usw.
Linien	Verschiedene Linienbilder und Kegel aus Bleilegierung, Messing, Stahl.
Schmuckmaterial	Zierbuchstaben, Ornamente.

Das Blindmaterial (Höhe 54 Punkt oder 20,308 mm), das als Füllmaterial dient, besteht aus:

Ausschluß	Ausgangsgröße 1 Geviert, folgend die Teilungen in Halbgeviert, in Drittelgeviert usw., endigend mit den sogenannten Spatien (2 Punkt, 1½ Punkt und 1 Punkt).
Quadraten	In den Längen von 2, 3 und 4 Cicero und im Kegel von 5 bis 28 Punkt.
Durchschußmaterial	Genau gliedert der Setzer das Durchschußmaterial in:
	Durchschuß in den Längen von 2, 3 und 4 Cicero (wie Quadraten) und im Kegel von 1 bis 4 Punkt.
	Regletten in den Längen von 5 Cicero aufwärts und ebenfalls im Kegel von 1 bis 4 Punkt.
Stege	Größtes Blindmaterial.

Der Buchstabe (Type, Letter)

a Schriftbild
b Punze
c Konus
d Schulter
e Schriftlinie
f Kopf
g Schulterhöhe
h Schrifthöhe (f + g)
i Breite, Dickte
k Schriftgröße, Grad, Kegel
l Signatur
m Fuß
n Rille vom Anguß

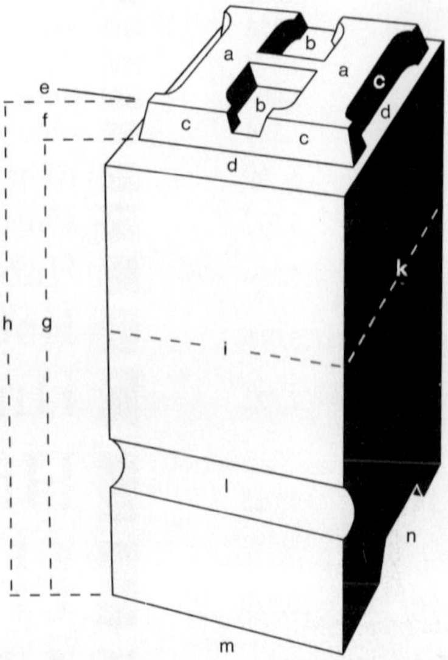

Die Schriftgrade (Schriftgrößen, Kegelgrößen)

In der Frühzeit des Buchdrucks wurden die Lettern für jedes Druckwerk in einer eigenen, dem Zweck des Buches entsprechenden Größe gegossen. Vorbild waren die Schriftgrößen handgeschriebener Bücher. So entstand damals in den Offizinen eine Reihe von Schriftgraden, die man nach dem Werk, für dessen Herstellung sie angefertigt wurden, benannte (Cicero, Korpus). Andere Namen bezeichneten die Kostbarkeit des Schriftmaterials (Brillant, Perl) oder die Größenordnung (Petit, Mittel, Tertia). Wurde nun eine Schrift neuerlich verwendet, behielt sie den Schriftnamen als Gattungsbezeichnung für ihre Kegelgröße. Diese alten Namen sind bis heute lebendig geblieben, obwohl die Größenangabe in typographischen Punkten zweckmäßiger ist.

IV

Schriftgrade

Punkt	mm	Größe	Name
3	1,128	Hnbg	Brillant
4	1,504	Hnbg	Diamant
5	1,880	Hnbg	Perl
6	2,256	Hnbg	Nonpareille
7	2,632	Hnbg	Kolonel oder Mignon
8	3,008	Hnbg	Petit
9	3,384	Hnbg	Borgis
10	3,760	Hnbg	Garmond oder Korpus
12	4,512	Hnbg	Cicero
14	5,264	Hnbg	Mittel
16	6,016	Hnbg	Tertia
20	7,521	Hnbg	Text
24	9,025	Hnbg	2 Cicero
28	10,529	Hnbg	Doppelmittel
36	13,537	Hnbg	3 Cicero
48	18,050	Hnbg	4 Cicero

Die großen Schriftgrade setzen sich in Stufen von zuerst 1 Cicero, dann 2 Cicero, zuletzt Konkordanzen fort. Vereinzelt fertigt der Setzer mit Hilfe des Tonplattenschnittes große Schriften aus Gummi oder Linol an.

Das Satzmaterial ist innerhalb von Satzregalen in Schriftkästen, Linienkästen, Kästen für Blindmaterial und Laden untergebracht.

Die Einteilung des Schriftkastens richtet sich vor allem nach sprachlichen Grundzügen. Für die deutsche Sprache gilt etwa folgendes Schema:

IV

Schriftkasten
Werkzeuge

A	B	C	D	E	F	G	H	I	K								
L	M	N	O	P	Q	R	S	T	U								
1	2	3	4	5	6	7	8	9	0	—	J	V	W	X	Y	Z	&
á	â	à	Ä	ff	ß	ft	ä	ö	ü	„	»«	’	*	†	§		
é	ê	è	ë	fi	f	t	u	r	x	y	z	j	()	[]	!	?	
í	î	ì	ï	s					v	w	-	:	;				
ó	ô	ò	Ö	h	m	i	n	o	½·	q	.	Aus-schluß	Aus-schluß				
ú	û	ù	Ü	l		1·			p	,	Gevierte						
Æ æ	É È Ê	k	ck	c	a	Ausschluß	e	d	2·	fi	fl	ft					
Œ o	Ç ç	ch	b						f	ff	g						

Werkzeuge und Geräte. Der Setzer verwendet: *Winkelhaken* und *Setzlinie*, Ablegowinkelhaken; *Ahle* und *Pinzette*; Setzschiff, Zeilen- (Linien-) Säge und Hobel; Handpresse, Abziehapparat.

Die Handwerkzeuge Winkelhaken, Setzlinie, Ahle, Pinzette

IV

Setzen
Bleisatz — Maschinensatz

Das Setzen. Beim Setzen einer Zeile reiht der Setzer im Winkelhaken Buchstaben aneinander (der Daumen fühlt die Signatur) und Ausschluß für die Wortzwischenräume. Am Zeilenende schließt er aus, indem er die Wortzwischenräume verkleinert oder vergrößert, bis die Zeile das Format im Winkelhaken füllt.
Der Setzer stellt heute kaum noch von Hand aus Fließsatz her. Sein Aufgabenbereich ist vielmehr der Reihensatz, Satz von Tabellen, Formeln, das typographische Gestalten und vor allem die Verarbeitung des Maschinensatzes zu Satzformen (Buchsatz, Zeitschriftensatz und Zeitungssatz).

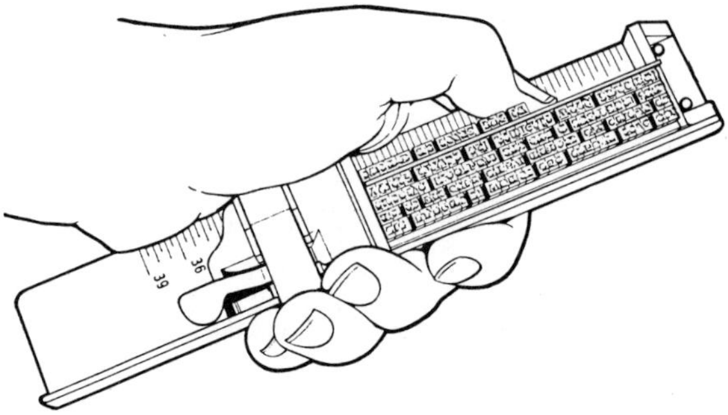

Handsatzvorgang: Aneinanderreihen der Buchstaben und Ausschlußstücke im Winkelhaken

Bleisatz — Maschinensatz

Der Großteil des Bleisatzes, der Fließsatz, wird nach zwei Setzmaschinensystemen hergestellt. ① die Zeilensetz- und -gießmaschine (Linotype) und ② die maschinelle Einzelbuchstabensetz- und -gießmaschine (Monotype).

Die Zeilensetz- und -gießmaschine wird händisch oder lochbandgesteuert (in getrenntem Arbeitsvorgang) betrieben. Zu letzterem ist erforderlich, daß an einem Perforator das Lochband (Lochstreifen, Satzstreifen) getastet wird, das an der Zeilensetz- und -gießmaschine bewirkt, daß die Funktionen automatisch ablaufen. Das Lochband wird entweder unter Bedachtnahme

auf das Zeilenbilden *(Ausschließen)* oder *endlos* — ohne die Zeilen auszuschließen — hergestellt. Solche Bänder müssen allerdings, um die Steuerung der Zeilensetz- und -gießmaschine vollziehen zu können, über einen *Satzrechner* geleitet werden, der im Rahmen seines Programms Zeilen ausschließt und andere typographische Maßnahmen auslöst.

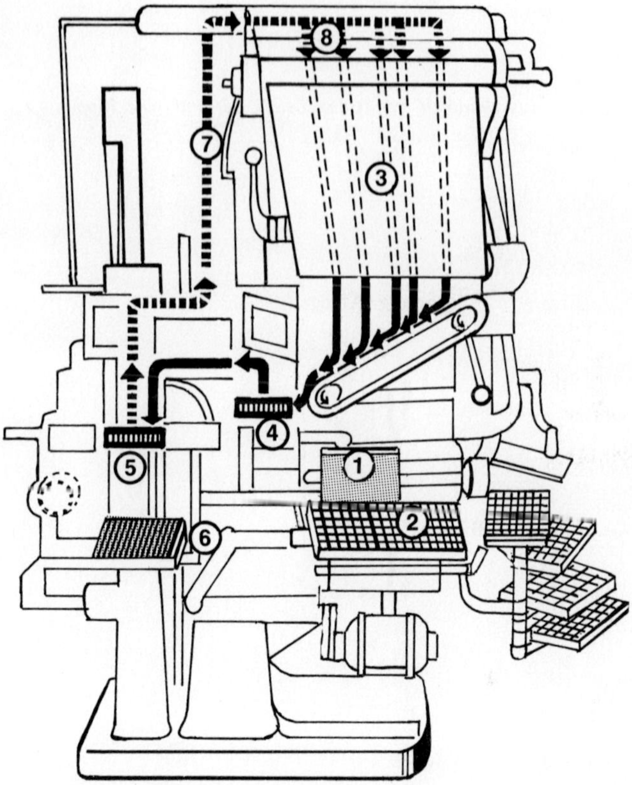

Weg der Matrize: ① Satzvorlage ② Klaviatur. Durch Tastenanschlag wird die Matrize frei und gleitet aus dem ③ Magazin zum ④ Sammler. Für Zwischenräume werden Ausschlußkeile getastet. ⑤ Die Matrizenzeile kommt zur Gießform, wird ausgeschlossen und abgegossen. ⑥ Die fertige Zeile wird auf das Zeilenschiff ausgestoßen. ⑦ Nach Ausscheiden der Ausschlußkeile wird die Matrizenzeile angehoben und auf die ⑧ Ablegestange geschoben. Die Matrizen fallen in den für sie bestimmten Kanal des Magazins

IV

Zeilen-setzmaschine

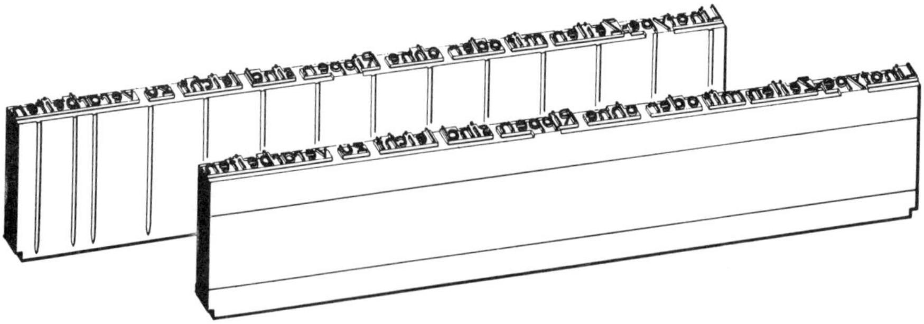

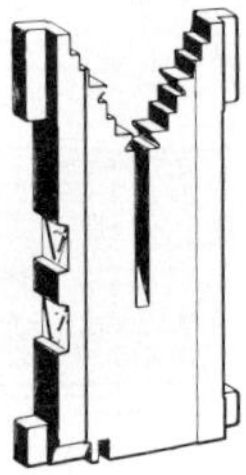

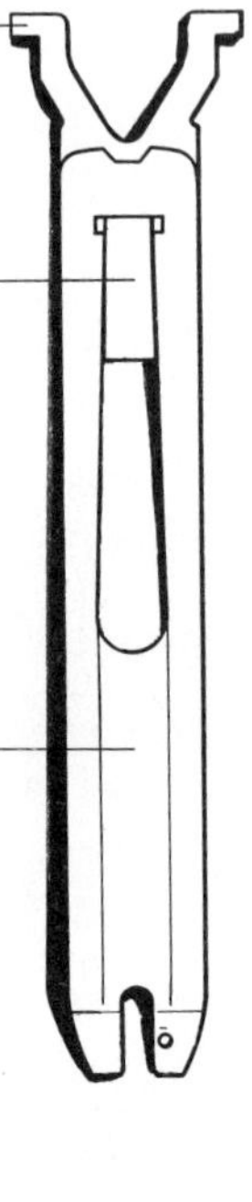

Matrize, Ausschlußkeil, gegossene Zeilen mit und ohne Rippen

Satzstreifen (Lochband). Die kleine Perforation in der Mitte dient zur Führung

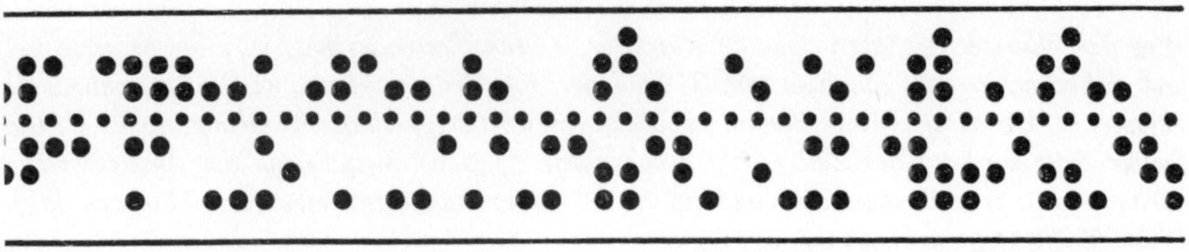

Die Herstellung des Einzelbuchstabensatzes erfolgt ausschließlich im getrennten Arbeitsvorgang durch einen *Perforator* (Taster mit Ausschließen) und die *Gießsetzmaschine*. An dieser bewirkt der Lochstreifen, daß der Matrizenrahmen für den Guß des jeweiligen Buchstabens oder des Ausschlußstückes in die richtige Stellung gebracht wird. Das gegossene Satzmaterial wird zu fertig ausgeschlossenen Zeilen (wie Handsatz) aneinandergereiht.

IV

Einzel-buchstabensatz

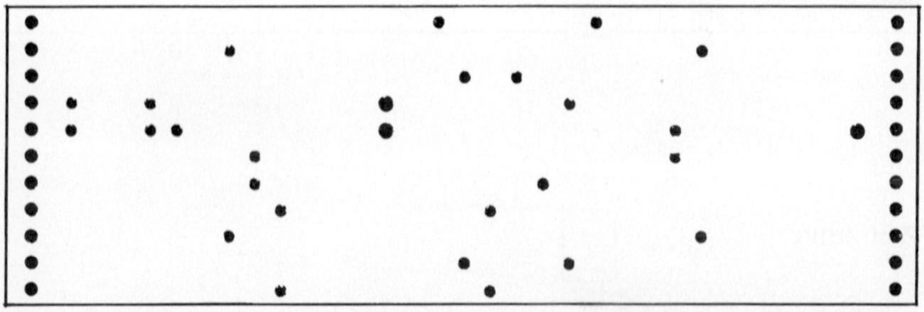

Satzstreifen (Lochband). Die größeren Löcher sind die Ausschließkombinationen am Zeilenende. Sie ergeben die Größe der Wortzwischenräume und lösen den Gießprozeß aus. Beim Gießen läuft daher der Satzstreifen von hinten nach vorn, also vom Zeilenende zum Zeilenanfang (der Gießvorgang erfolgt somit in der umgekehrten Reihenfolge zum Tasten), die Randperforationen dienen zur Führung des Streifens

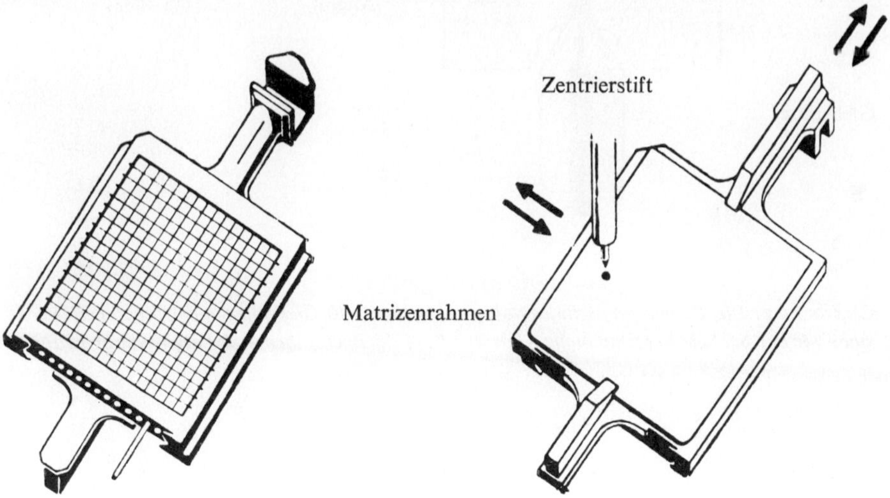

Ansicht und Arbeitsstellung des Matrizenrahmens, man beachte die Bewegung (Pfeile)

IV

Einzel-buchstabensatz

Schriftbild

Bohrung für Rundstab

Ausnehmung für Flachstab

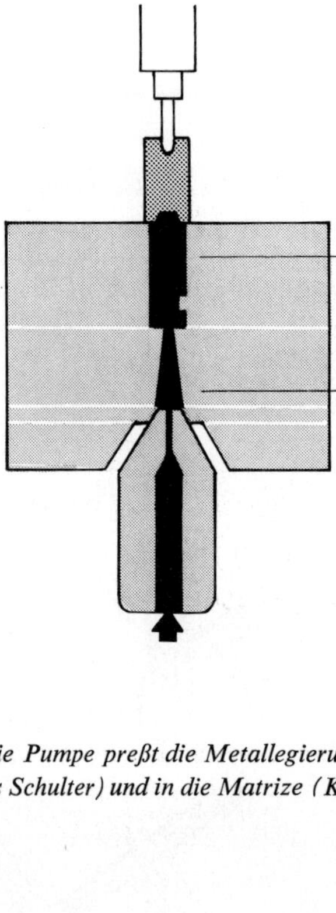

Gießvorgang: Die Pumpe preßt die Metallegierung durch die Gießspitze in die Gießform (Buchstabe von Fuß bis Schulter) und in die Matrize (Kopf des Buchstabens), das ergibt die Schrifthöhe

Photosatz

IV

Photosatz
Titelsetzgerät

Mehr als alle anderen Entwicklungen — sieht man von der Erfindung neuer Druckverfahren ab — hat der Photosatz in jüngster Zeit die graphischen Berufe beeinflußt. Durch Entfall des Buchstabenkörpers sind der typographischen Gestaltung alle Möglichkeiten der Graphik zugänglich geworden; bei schwierigen Satzarbeiten wie Formeln und Tabellen gibt es keine technischen Probleme mehr. Der Mengensatz vollzieht sich — durch Wegfall des im Bleisatz-Maschinensatz erforderlichen Gießprozesses — in Geschwindigkeiten, die noch vor Jahren unvorstellbar gewesen sind.

Photosatz wird in drei Stufen hergestellt: ① mit Titelsetzgeräten, ② mit Photosetzgeräten, ③ Photosetzmaschinen.

Die Verfahren zur Photosatzherstellung beginnen demnach nicht beim Handsatz, sondern bereits mit Hilfe der **Titelsetzgeräte** (einzelne Zeilen) und **Photosetzgeräte** (Zeilengruppen und seitenweise gestaltete Drucksachen). Beide Gerätearten arbeiten mit direkter Belichtung; sie bieten eine Fülle von Möglichkeiten, wie Vergrößerung, Verkleinerung, Verzerrung, Aufrasterung, Schräg- und Bogensatz, Trennen und Zusammenfügen von Buchstaben.

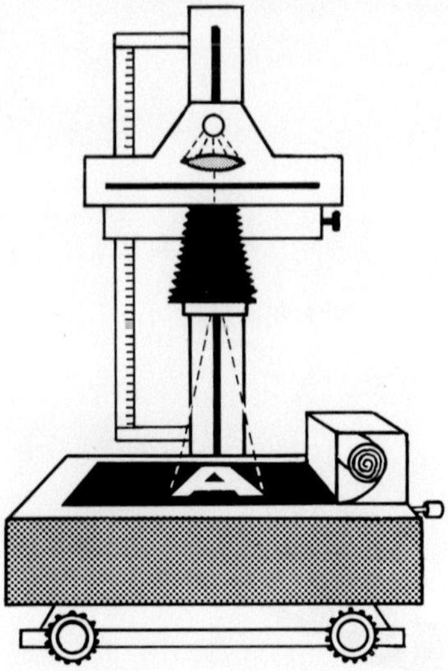

Für die Herstellung von Mengensatz werden **Photosetzmaschinen** eingesetzt. Von diesen gibt es Konstruktionen, die händisch (Klaviatur) bedient werden, und solche, die von Datenträgern (Lochstreifen, Magnetbändern) oder Computern gesteuert werden.

Die Herstellung der Datenträger für den Photosatz (Mengensatz) erfolgt zumeist endlos. Das Produkt der Photosetzmaschine ist ausgeschlossener Photosatz, richtig durchschossen, eventuell mit Linien und Sonderzeichen versehen, mitunter bereits umbrochen und justiert. Der Satz wird zur Weiterverarbeitung vornehmlich auf Film, positiv oder negativ, seitenrichtig oder seitenverkehrt, aber auch auf Photopapier hergestellt.

IV

Photosatz
Titelsetzgerät

ALLES FÜR DIE WERBUNG

ABCDEFG

wir sind
auf dem
laufenden

GRAPHISCH

Zeilensatz mit Hilfe der Bogensatzeinrichtung, Rasterscheiben und Verzerroptik. Die Schriftbilder können verschieden aneinandergereiht werden. Man beachte : Von der Bleiletter ist nur das Schriftbild verblieben, dadurch neue Möglichkeiten bei der Herstellung und Gestaltung des Satzes

IV

Titelsatz
Gestaltungen

D
D
D
D
D
D
D

baum
baumgartner
baumgartner
baumgartner
baumgartner
gartner

printcolor

IV

Photosatz
Beispiele
aus der Praxis

$$\alpha(k) = \frac{1}{2}\operatorname{erfc}\left(-\frac{v\sqrt{k\Delta t}}{2}\right) - \frac{1}{2}\operatorname{erfc}\left(-\frac{v\sqrt{(k+1)\Delta t}}{2}\right) \tag{22}$$

$$\beta(k) = \frac{1}{2}\operatorname{erfc}\left(\frac{-1-vk\Delta t}{2\sqrt{k\Delta t}}\right) - \frac{1}{2}\operatorname{erfc}\left(\frac{-1-v(k+1)\Delta t}{2\sqrt{(k+1)\Delta t}}\right) \tag{23}$$

$$\gamma(k) = \frac{1}{2}\operatorname{erfc}\left(\frac{1-vk\Delta t}{2\sqrt{k\Delta t}}\right) - \frac{1}{2}\operatorname{erfc}\left(\frac{1-v(k+1)\Delta t}{2\sqrt{(k+1)\Delta t}}\right) \tag{24}$$

It should be noted that α is different from δ. It is not allowed to put $x=0$ or $x=1$ in the integrals defining α and δ. In order to calculate α and δ, one should write:

$$\alpha = \lim_{\substack{x \to 0 \\ >}} \int_{t_i-\Delta t}^{t_i} H(x, t_i - t')\, dt' \tag{25}$$

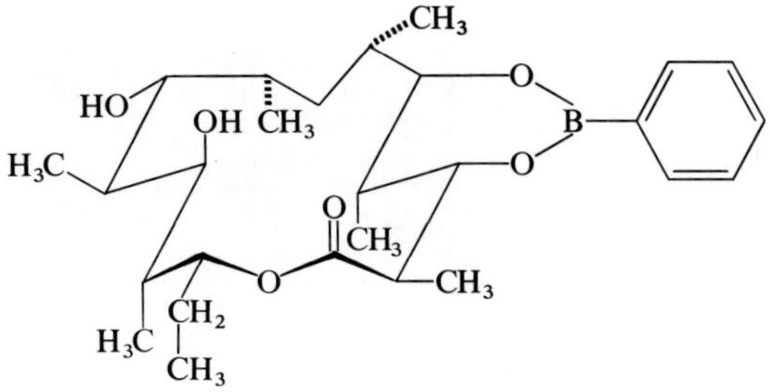

(35)

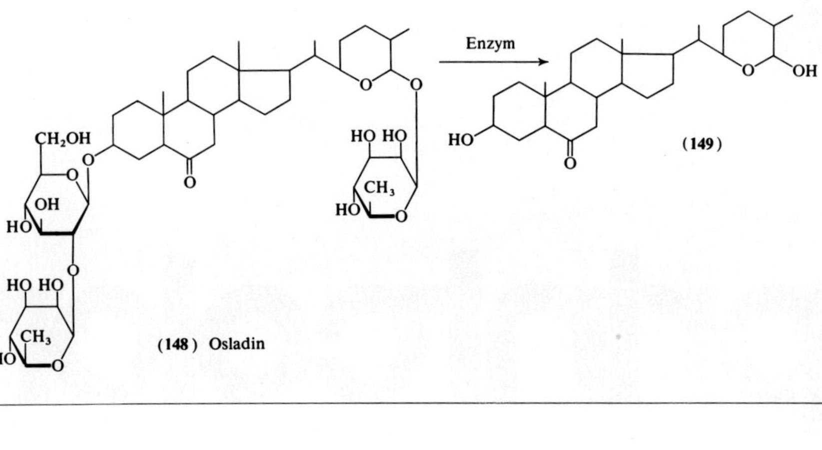

(148) Osladin

(149)

Photosatz
Photo-setzmaschine
Lichtsatz

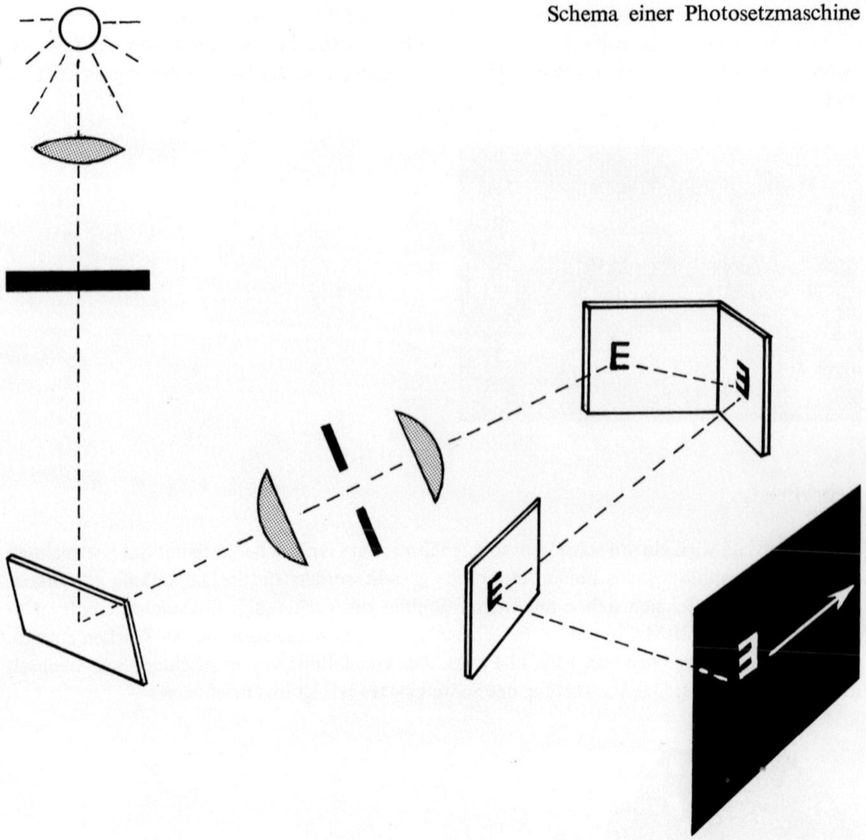

Weg des Lichtes: Lichtquelle (Streulicht) — Sammellinse — Bildträger (Matrizenscheibe oder -rahmen) — Umkehrspiegel — Schriftgrößenoptik, sogenannte Zoomoptik (ein Objektiv mit veränderlicher Brennweite) — Spiegelsystem zum Transport — Projektion

Lichtsatz

Außer dem Photosatz ist der sogenannte Lichtsatz zu nennen. Bei diesem werden die Buchstabenbilder *digital* (aus kleinen Lichtpunkten) aufgebaut und auf Film oder Papier übertragen.

Als Grundlage für die Zeichenaufbereitung können Schriftbildträger dienen oder die Schriftzeichen sind in einem Kernspeicher in Form von Informationen gespeichert, von wo sie durch Datenträger abgerufen werden, wodurch hohe Leistungen in der Satzherstellung zu erzielen sind.

Schreibsatz

Als Schreibsatz wird ein auf schreibmaschinenähnlichen Geräten hergestellter Satz bezeichnet, an den typographisch keine hohen Ansprüche gestellt werden (für die Darstellung aller Buchstabenbilder und Zeichen stehen nur wenige Breiten zur Verfügung). Ein solches Gerät ist — als Beispiel — der IBM-Composer. Er arbeitet mit einem Kugelkopf, der 88 Zeichen enthält. Die Schriftgrößen reichen von 7 bis 12 Punkt. Zur Herstellung von gemischtem Satz wechselt man den Kugelkopf. Die Auswertung des Schreibsatzes erfolgt im Offsetdruck.

Kugelkopf für Schreibsatz

Satzautomation

Es gibt elektronische Lesegeräte — OCR-System (Optical Character Recognition = optische Zeichenerkennung) —, die mit bestimmter Schreibmaschinenschrift geschriebenen Text zu Endlosdatenträgern umwandeln oder Photo- und Lichtsetzmaschinen direkt über einen Rechner steuern können.

Bildschirmgerät
Textspeicherung
Photosatz-montage

Das Bildschirmgerät (Terminal)

besteht im wesentlichen aus der Tastatur und dem Bildschirm. Mit der Tastatur kann man Lochstreifen herstellen. Vorwiegend jedoch werden Texte von vorhandenen Datenträgern auf dem Bildschirmgerät eingelesen, blockweise dargestellt und über die Klaviatur an Hand von Spaltenkorrekturen richtiggestellt. Der nun fehlerfreie Text wird wieder auf Datenträger ausgegeben.
Auf größeren Terminals können beispielsweise endlos aufgenommene Inseratentexte typographisch gestaltet, weiters redaktionelle Beiträge zu auch mehrspaltigen Seiten umbrochen werden.

Textspeicherung

Die Entwicklung in der Computertechnik macht es möglich, den Text ganzer Zeitungsausgaben in Plattenspeichern zu speichern. Nach Bedarf können einzelne Textstellen auf Bildschirmgeräten sichtbar gemacht, korrigiert, ergänzt und redigiert werden.

Photosatzmontage

Die Photosatzmontage kommt dem Handsatz gleich (typographisches Gestalten, Umbrechen, Einfügen von Illustrationen, Mehrfarbenarbeiten). Sie fällt in den Bereich fast aller graphischen Berufe, wenn auch hauptsächlich in den des Setzers.

Photosatzmontage: Die einzelnen Photosatzteile werden, einer Vorlage (Layout) entsprechend, zu Formen montiert. Montagetisch (Leuchttisch)

Handwerkzeuge. Man beachte den Unterschied zum Bleisatz

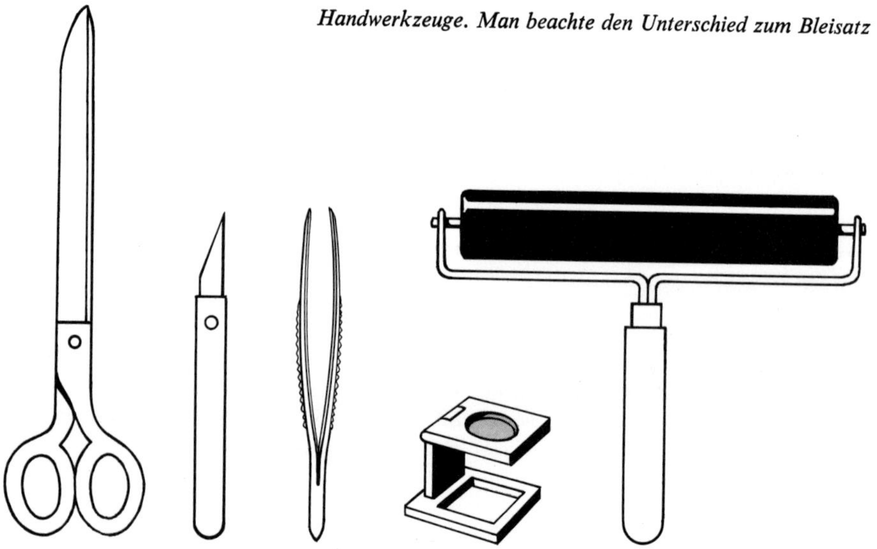

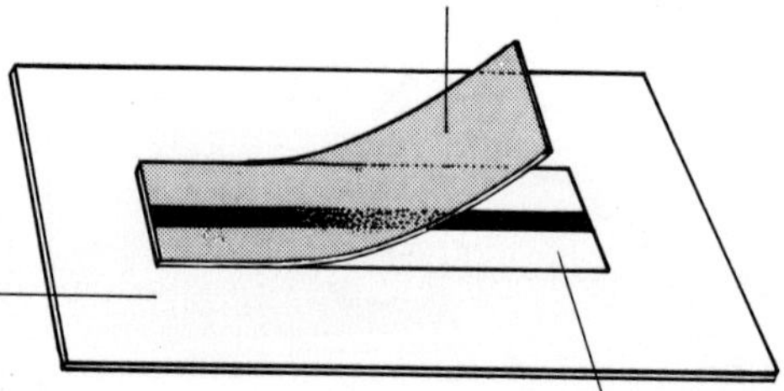

Stripfilm: Abziehbarer Bildträger. Mit dem Stripfilm kann auch übereinander montiert werden

[4] Pekrul, P. J., und P. E. McCourt: Demonstration and test of a vibration and loose part monitoring system on the Vermont Yankee Boiling Water Reactor. Bericht 4/16, Nuclex 75.

[5] Hennike, H.: Das Lose-Teil-Monitor (LTM)-System: Ein Frühwarnsystem zum Erkennen loser Teile in Primärkreislauf. Bericht 4/17, Nuclex 75.

[6] Wolff, P. H. W., u. a.: Fast Reactor Safety–Some recent developments. Bericht 5/11, Nuclex 75.

[7] Hübel, M.: Wesentliche Sicherheitsaspekte des Schnellbrüters im Hinblick auf die öffentliche Diskussion. Bericht 5/13, Nuclex 75.

[8] Sager, H., u. a.: Reject heat utilization from a gas turbine HTGR. Bericht 7/15, Nuclex 75.

[9] Schaub, Th.: Ist die landwirtschaftliche Nutzung der Abwärme von Kernkraftwerken technisch und wirtschaftlich realisierbar? Bericht 7/16, Nuclex 75.

[10] Jakusch, H., und K. Knotik: Die Bitumisierung fester radioaktiver Rückstände durch Sedimentierung direkt im Endlagerfaß. Bericht D 3/02, Nuclex 75.

[11] Richter, H., und H. Sorantin: Zerstörung des Salpetersäureüberschusses in radioaktiven Abfallösungen und Verfestigung des Rückstandes als Alkydharz. Bericht D 3/09, Nuclex 75.

Fortschritte in der Glasfaser-Nachrichtenübertragung[1])

Von Manfred Börner und Stephan Maslowski, Ulm, BRD

DK 621.39.052 :: 677.521 : 621.375.826 : 621.376.5

Abb. 1 zeigt die Funktion des neuen Nachrichtenmediums. Die in Form einer Impulsmodulation am Eingang der Übertragungsstrecke verfügbare Nachricht moduliert den Injektionsstrom eines GaAs-Halbleiterlasers. Dieser emittiert kohärentes infrarotes Licht mit einer Wellenlänge, die je nach dem Aluminiumgehalt im p-n-Übergang der Laserdiode zwischen 800 μm und 900 μm liegt. Im allgemeinen wird der zur Laserwirkung vorgesehene Bereich des Halbleiterkristalls auf ein streifenförmiges Gebilde beschränkt. Das Licht tritt dann im wesentlichen am Ende dieses Streifens als schmales Bündel aus. Es kann dann unmittelbar in den Kern einer Glasfaser eingekoppelt werden und von dieser übertragen werden. Am Ausgang der Glasfaser ist das Licht im allgemeinen durch die Dämpfungs- und Streuverluste der Glasfaser stark geschwächt und muß nach dem Empfang in einem Photoempfänger verstärkt werden.

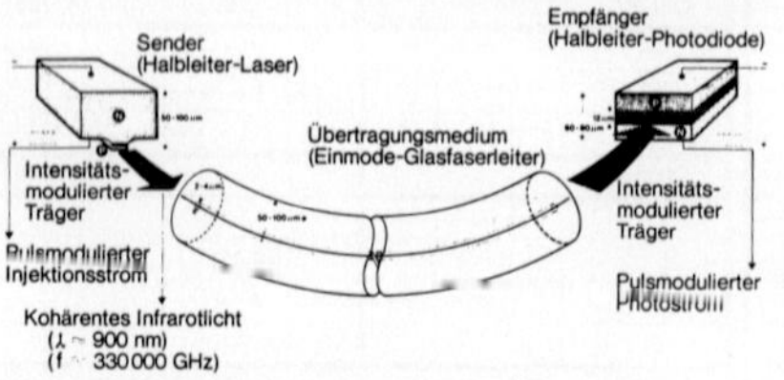

Abb. 1. Übertragungsstrecke, bestehend aus Injektionslaser, Monomodelichtwellenleiter und Mesa-Lawinen-Photodiode

1. Spezielle Halbleiterbauelemente für die Glasfasernachrichtenübertragung

In Abb. 1 wurde das Prinzip eines sogenannten Mesa-Streifenkontakt-Lasers dargestellt. Der lichtemittierende Bereich ist hier einfach durch Wegnahme überflüssigen Materials erzeugt worden. Da aber gerade am Streifen sehr viel störende Verlustwärme entsteht, die abgeführt werden muß, bevorzugt AEG-Telefunken inzwischen eine Form, bei der die Einengung des lichtemittierenden Bereichs mit Hilfe eines Protonenbeschußprozesses durchgeführt wird. Es hat sich nämlich herausgestellt, daß Protonen bis zu einer gewissen Tiefe das GaAs-Kristallgefüge so verändern, daß eine z. B. durch p-Dotierung erzeugte Leitfähigkeit verschwindet. Dieser Zustand bleibt bei den später im Betrieb auftretenden Temperaturen stabil. Ein Problem, das jedoch noch immer ungelöst ist, ist das der Lebensdauer des Lasers. Einige wenige Laser (Japan, USA) haben bisher 6 000 h erreicht. Typisch ist jedoch eine Lebensdauer von ungefähr 1 000 h, und das ist auch das, was etwa im Ulmer Forschungsinstitut erreicht wird. In Abb. 2 ist eine Alterungskurve dargestellt, und zwar betrachtet man den zeitlichen Verlauf des Injektionsstromes, der für eine bestimmte Lichtleistung – hier 10 mW – notwendig ist. Problematisch ist bei diesem Laser die Herstellung einer möglichst dünnen p-leitenden Schicht aus GaAs direkt über dem p-n-Übergang. Diese Schicht soll wegen ihres störenden Wärmewiderstandes nur wenige μm dick sein. Andererseits muß sie von hoher Kristallperfektion sein, damit der darunter liegende p-n-Übergang nicht gestört wird. Und schließ-

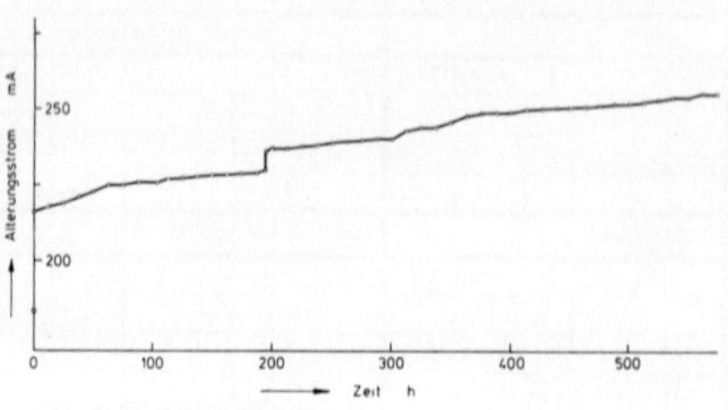

Abb. 2. Degradation eines protonenimplantierten Lasers

lich muß diese dünne Schicht auch noch die mechanischen Spannungen aufnehmen, die dadurch entstehen, daß ja eine solche vielschichtige Struktur aus Halbleiterschichten, Lötmittel und Kupfer- oder Diamantwärmesenke wie ein Bimetallelement arbeitet. Mit wechselnder Temperatur entstehen also Spannungen, und infolge mechanischer Spannungen laufen Reaktionen im Halbleiterkristall ab, die schließlich zur Zerstörung des p-n-Überganges führen. Trotzdem besteht begründete Hoffnung, daß schließlich eine Optimierung aller eben aufgezählten Einflüsse zusammen mit einer perfekten Beherrschung der einzelnen Prozeßschritte zum Erfolg führen wird.

Über den Photoempfänger, eine Silizium-Avalanche-Photodiode, und die Koppeltechnik zwischen Faser und Faser bzw. zwischen Faser und Laser oder Photodiode läßt sich sagen, daß hier im Prinzip alle Fragen soweit gelöst sind, daß bei einer zukünftigen Entwicklung eines Lichtnachrichtensystems dem Entwicklungsin-

Abb. 3. Justierbare Steckverbindung für zwei Glasfasern

[1]) Gekürzte Wiedergabe eines von Dr. rer. nat. Manfred Börner und Dr.-Ing. Stephan Maslowski, Forschungsinstitut Ulm, beim Technischen Pressekolloquium der Allgemeinen Elektricitäts-Gesellschaft AEG-Telefunken am 17. und 18. Oktober 1974 in Berlin gehaltenen Fachreferates.

Triumph INTERNATIONAL

AKTIENGESELLSCHAFT
2700 Wiener Neustadt
Wiener Straße 121-123
Tel. 0 26 22/58 61 DW 380, 381

1

KA	Ges		Kunden-Nr.	Ray	Abb	Akt	Con	Krt	Termin Woche		Auftragsdatum J J M M T T	Val
203	2	2			1				0	5		
1	5		7	11	14				18		25	32

Firma: ....

MIEDER

Stück	Artikel	Cup	EK Preis	DV Preis	Holl. Nr.	Farbe	60	65	70	75	80	85	90	95	100
ALLYA															
		B	105,30	189,—	11669	3									
						26									
		C	105,30	189,—	11670	3									
						26									
	H		125,30	225,—	17615	3									
						26									
	HL		181,60	325,—	17616	3									
						26									
	TS	B	306,40	550,—	18620	3									
						26									
	TS	C	306,40	550,—	18621	3									
						26									
AMOR TEEN							60	65	70	75	80	85	90	95	100
	E	A	77,40	139,—	12613	3									
						9									
						10									
						26									
CLASSIC							60	65	70	75	80	85	90	95	100
	19	B	88,60	159,—	11684	3									
						26									
	19	C	88,60	159,—	11685	3									
						26									
	19 D	B	88,60	159,—	12610	3									
						26									
	19 D	C	88,60	159,—	12611	3									
						26									
	19 F	B	94,20	169,—	11686	3									
						26									
	19 F	C	94,20	169,—	11687	3									
						26									
	19 F	D	94,20	169,—	11692	3									
						26									
	19 LF	B	138,70	249,—	14612	3									
						26									
	19 LF	C	138,70	249,—	14613	3									
						26									
	19 LF	D	138,70	249,—	14616	3									
						26									
	19 TS	B	250,70	450,—	18613	26									
	19 TS	C	250,70	450,—	18614	26									
	19 TFR	B	306,40	550,—	18615	26									
	19 TFR	C	306,40	550,—	18616	26									
EVE							60	65	70	75	80	85	90	95	100
		B	94,20	169,—	11661	3									
						4									
						26									
	H		110,30	198,—	17614	3									
						4									
						26									

Stück	Artikel	Cup	EK Preis	DV Preis	Holl. Br.	Farbe	60	65	70	75	80	85	90	95	100
LIBERTY															
		A	77,40	139,—	11637	3									
						9									
						10									
						26									
		B	77,40	139,—	11640	3									
						9									
						10									
						26									
		C	77,40	139,—	11649	3									
						9									
						10									
						26									
LILIAN							60	65	70	75	80	85	90	95	100
		B	54,60	98,—	11688	32									
	D	B	66,30	119,—	12612	32									
	H		66,30	119,—	17617	32									
LIMBO							60	65	70	75	80	85	90	95	100
		B	97,50	175,—	11607	3									
						4									
LOLITA							60	65	70	75	80	85	90	95	100
	V	B	94,20	169,—	11663	4									
	D	B	110,30	198,—	11656	4									
	S		83,—	149,—	15601	4									
LUXURY							60	65	70	75	80	85	90	95	100
		B	99,70	179,—	11612	3									
						26									
		C	99,70	179,—	11613	3									
						26									
MAMBO							60	65	70	75	80	85	90	95	100
	V		77,40	139,—	11699	3									
						4									
NICOLE							60	65	70	75	80	85	90	95	100
		B	83,—	149,—	11689	4									
	Stretch	B	99,70	179,—	11690	4									
	D	B	110,30	198,—	11691	4									
PRIMAVERA 77							60	65	70	75	80	85	90	95	100
		B	82,30	159,—	11618	31									
		C	82,30	159,—	11619	31									
	1115	B	71,90	139,—	11620	31									
	E	A	71,90	139,—	12603	31									
	E	B	71,90	139,—	12604	31									
	D	A	82,30	159,—	12601	31									
	D	B	82,30	159,—	12602	31									
	H		82,30	159,—	17607	31									
	TS	B	194,—	375,—	18606	31									
	TS	C	194,—	375,—	18607	31									

Farbschlüssel: 3 = weiß, 4 = schwarz, 9 = tropic, 10 = lemon, 26 = poudre, 31 = weiß/grün, 32 = weiß/blau.

EK-Preis netto ohne Mehrwertsteuer. DV-Preis inkl. Mehrwertsteuer.

Kondition: 10 Tage 3%, 30 Tage 2%, 60 Tage netto. Versand: Ab Lager, Porto und Versicherung in Rechnung.

Erfüllungsort und Gerichtsstand ist Wr. Neustadt. Alle Sendungen reisen auf Rechnung und Gefahr des Empfängers. Bis zur vollständigen Bezahlung bleiben die gelieferten Waren im Eigentum der Verkäuferfirma. Nicht kartellierte Preise.

Unterschrift des Käufers   Unterschrift des Verkäufers

Beispiele Photosatzmontage

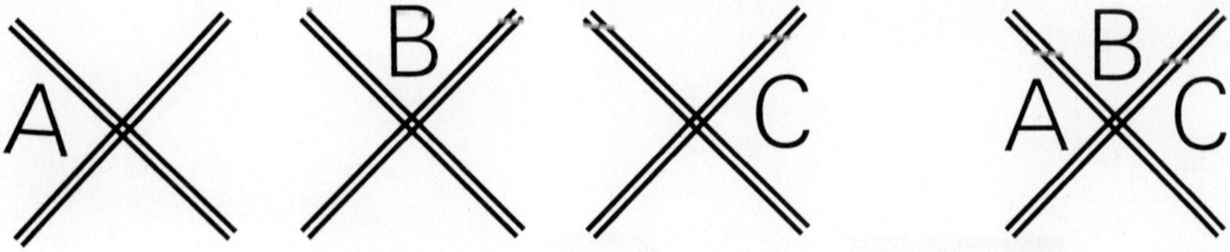

Layout

Montage

Kopie

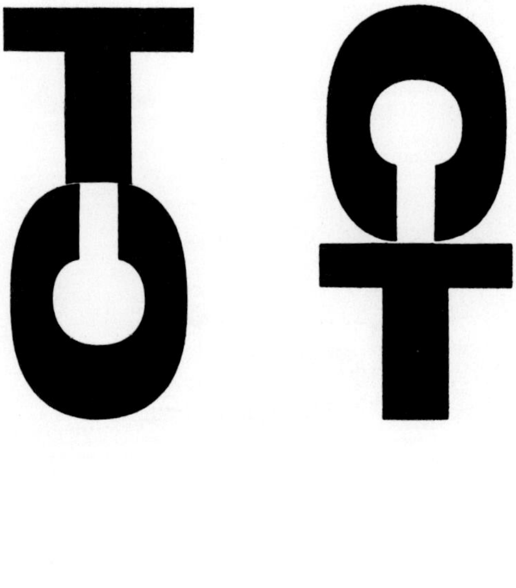

Ergänzend dazu mußten 4 Bahntelephonselbstwahlanlagen (Basa) und 4 Unterbasa entsprechend erweitert bzw. neu errichtet werden; die erforderlichen Endeinrichtungen und Zwischenstellen (Trägerfrequenz- und Verstärkeranlagen) und die Fernschreibeinrichtungen wurden beschafft, installiert und in Betrieb genommen. Außerdem wurden etwa 95 km Kunststoffkabel für Sicherungsanlagen mitverlegt.

Maststellarbeiten mit dem 45 Tonnen-Dampfkran

Arbeit aus der Praxis

Maschinen AG

IV Satzkorrektur

Korrekturzeichen

Besondere Erwähnung bei der Herstellung des Satzes verdient die Arbeit des *Korrektors* und *Revisors*. Er liest die Satzabzüge (Korrekturabzüge, Fahnen) und die Photokopien auf Fehler und überprüft die Andrucke vor der Herstellung der Auflage.

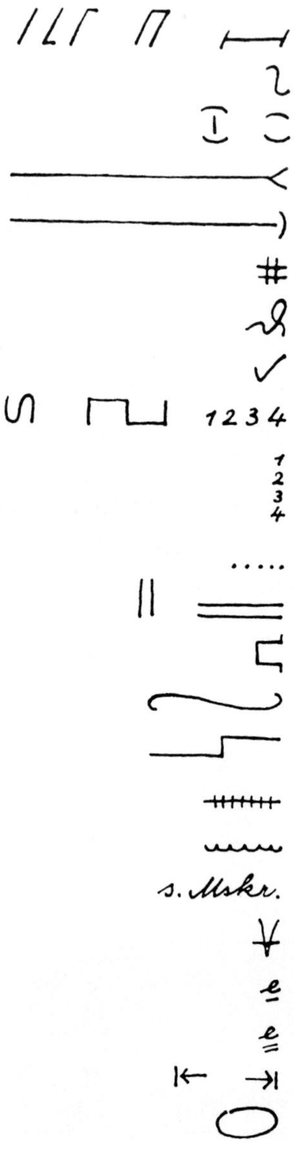

- Durchstreichungszeichen
- Zu enger oder fehlender Wortzwischenraum
- Zu weiter Zwischenraum; kein Zwischenraum
- Fehlender Durchschuß
- Zu großer Durchschuß
- Spieß
- deleatur (zu tilgen)
- vertatur (umzudrehen)
- Umstecken, umstellen
- Umheben der Zeilen
- Irrtümliche Eintragung
- In Linie stellen
- Einzug vergessen
- Anschließen
- Absatz vergessen
- Sperren
- Nicht sperren
- Siehe Manuskript
- Fehlendes Wort
- Beschädigter Buchstabe
- Buchstabe aus anderer Schrift (Zwiebelfisch)
- Nach links; nach rechts
- Schlecht druckende Stelle

IV

Korrekturspalte

Erasmus von Rotterdam. Inmr wird Erasmus leidenspeaftlch, wenn er gegen Krieg, Haß und einseitige Borniertheit die Stimme erhebt; aber diese Leidenschaftlichkeit seiner Entrüstung verhori niemals die Klarheit seiner Weltbetrachtung. Zugleich Idealist vom Herzen her und Skeptiker vom Verstande, warsich Eras mus aller Widerstände bewußt, die sich im realen Raume der Verwirklichung jenes „christlichen Weltfriedens", jener Alleinherrschaft der humanen Vernunft entgegenstellten. Der Mann, der in seinem „Lob der Torheit" alle Spielarten des menschlichen Wahns und Widersinns in ihrer Unbelehrbarkeit beschrieben, gehörte nicht zu jenen idealistischen Träumern, die meinen, man könne mit geschriebenem Wort, mit Büchern, Predigten und Traktaten den immanenten Gewalttrieb der menschlichen Natur abtöten oder auch nurbetäuben; er täuschte sich keineswegs über die Tatsache hinweg, daß diese Kraftlust und Kampfffreude seit kannibalischen Tagen, seit Jahrhunderten und Jahrtausenden der Menschheit im Blute gärt, dumpfe Erinnerung na den Urhaß des einstigen Menschentiers gegen das andere Menschentier, und daß Jahrhunderte noch und vielleicht Jahrtausende und Erziehung sittlicher kultureller Emporgestaltung nötig sein werden zu einer völligen Entbestialisierung *und* Humanisierung des Menschengeschlechts. Er wußte, daß elementare Triebe sich nicht wegschwätzen lassen mit milden und moralischen benes und zunächst Unüberwindliches hin. Sein eigentlicher Kampf nur an den Geistigen wenden, nicht an die Geführten und Verführten, Worten, und nahm das Barbarische in dieser Welt als ein Gegeging darum in anderer Sphäre, konnte als Geistmensch sich immer sondern an die Führer, an die Fürsten, die Priester, die Gelehrten, die Künstler, an jene, die er verantwortlich wußte und machte für jeden Unfrieden in der europäischen Welt.

Als weitsichtiger Denker hatte er längst erkannt, daß der Gewalttrieb an sich noch nicht weltgefährlich ist. Die Gewalt allein hat einen knappen Atem; sie schlägt blind und tollwütig zu,

aber ziellos in ihrem Willen, kurz in ihrem Denken, sackt sie nach solchen jähen Ausbrüchen ohnmächtig in sich zusammen. Selbst wo sie ansteckend wirkt und psychotisch ganze Gruppen erregt, werden es nur zuchtlose Rotten, die sich verlaufen, sobald die erste Hitze gekühlt ist. Nie sind im Laufe der Geschichte Aufstände und Ausbrüche ohne geistige Führung einer wirklichen Ordnung gefährlich geworden — erst wenn Galtwetrebi der indet rode erine Idee die Ideeseiner bedient, entstehen die wahrhaften „tumulti", die blutigen und zerstörenden Revolutionen; denn rst durch eine Parole wird eine Rotte zur Partei, erst durch Organisation zur Armee, erst durch ein Dgma zur Bewegung. Alle großen gewalttätigen Konflikte innerhalb der Menschheit sind weniger verschuldet durch den blutgebundenen Gewalt-

IV

Schriftprobenbuch

Aue maria
gr̃a plena
dominus
tecū bene
dicta tu in mulieribꝰ
et benedictus fructꝰ
uentris tui : iheſus
chꝛiſtus amen.

Gloꝛia laudis reſonet in oꝛe
omniū Patri genitoqȝ pꝛoli
ſpiritui ſancto pariter Reſul

Schriftprobenbuch. Älteste deutsche Schriftprobe, Erhardt Ratdolt, 1486

V Die Reproduktionsphotographie

Die Reproduktionsphotographie wird in allen Druckverfahren benötigt. Bei den photomechanischen Reproduktionen unterscheidet man zwischen Strich-, Raster- und Halbtonaufnahmen.

Strichaufnahme

Als Strichaufnahme werden die Reproduktionen von Originalen mit klarer Schwarzweißtrennung — beispielsweise Federzeichnungen oder Schrift — bezeichnet. Strichvorlagen werden ohne Zwischenschaltung eines Rasters aufgenommen. Bei den Strichaufnahmen wird zwischen *Filmnegativen* und *Filmpositiven* unterschieden. Das Filmnegativ dient in der Druckformenherstellung vorwiegend zur Weiterverarbeitung für den Hochdruck. Das Filmpositiv hingegen wird zur Platten- (Zylinder-) Herstellung für Tiefdruck- und Flachdruckverfahren benötigt.

Rasteraufnahme

Unter Rasteraufnahmen versteht man Reproduktionen von Vorlagen, welche unterschiedliche Graustufen enthalten, beispielsweise Photographien. Um die Halbtöne im Druck wiedergeben zu können, wird die Vorlage durch einen Raster — im Verhältnis der Helligkeitswerte — in verschieden große Punkte zerlegt. Das gedruckte Bild scheint dann aus gleichmäßig ineinander übergehenden Halbtönen zu bestehen. Rasteraufnahmen werden für den Hochdruck und den Flachdruck weiterverarbeitet. Der Tiefdruck verlangt Halbtonpositive.
Die ersten Versuche, Bildzerlegungen auf photographischem Wege herzustellen, wurden schon in der Zeit zwischen 1869 und 1888 unternommen. Unabhängig voneinander arbeiteten damals Angerer in Wien, Meisenbach in München — der 1882 seine Erfindung patentiert erhielt —, Ives und Levy in Amerika an der Auflösung von Halbtönen mittels netzartiger Einschaltungen. Der erste von Meisenbach entwickelte Raster bestand aus einem Linienraster aus Glas, den man nach der halben Belichtungszeit drehte, wodurch die Vorlage in Punkte aufgelöst wurde. Sehr schnell entstand aus diesen ersten Entwicklungen bereits die fabriksmäßige Herstellung von Glasrastern.

Der Raster. Für die Bildzerlegungen dienen verschiedene Rasterarten wie Kreuzraster, Kontaktraster, Spezialraster und Tiefdruckraster.

V

Kreuzraster
Kontaktraster

Der Kreuzraster (Glasgravurraster) ist ein Distanzraster, was besagt, daß im Gegensatz zum Kontaktraster zwischen Film und Raster ein Abstand ist. Der Glasgravurraster besteht aus zwei Spiegelglasplatten, in die in gleichmäßigen Abständen Linien geätzt und mit schwarzer Farbe gefüllt wurden. Die Glasplatten werden derart verkittet, daß die beiden Liniensysteme einander im rechten Winkel kreuzen. Der Anteil der lichtdurchlässigen Fläche beträgt ungefähr 25 Prozent, jener der gedeckten Fläche 75 Prozent.

Der Kontaktraster wird als Rasterfolie photographisch hergestellt. Die Anteile der lichtdurchlässigen Fläche und die der gedeckten Fläche betragen je 50 Prozent. Durch die Helligkeitsunterschiede der Vorlage entstehen verschieden große Rasterpunkte. Bei den Kontaktrastern unterscheidet man zwei Hauptarten: Graukontaktraster und Magentakontaktraster.

Grau- oder Neutralkontaktraster. Er wird bei mehrfarbigen Reproduktionen im direkten Verfahren für Rasternegativauszüge eingesetzt. Der Graukontaktraster bringt die Tonabstufungen der Vorlage neutral.

Magentakontaktraster. Zum Unterschied vom Graukontaktraster ist der Magentakontaktraster durch Vorschalten von Filtern beeinflußbar. Zur Erhöhung des Abbildungskontrastes wird ein Blaufilter, zur Reduktion des Kontrastes ein Gelbfilter benützt. Der Magentakontaktraster wird zu einfarbigen Reproduktionen im direkten Verfahren und zu mehrfarbigen Reproduktionen im indirekten Verfahren (= zuerst Halbtonnegativauszüge) eingesetzt.

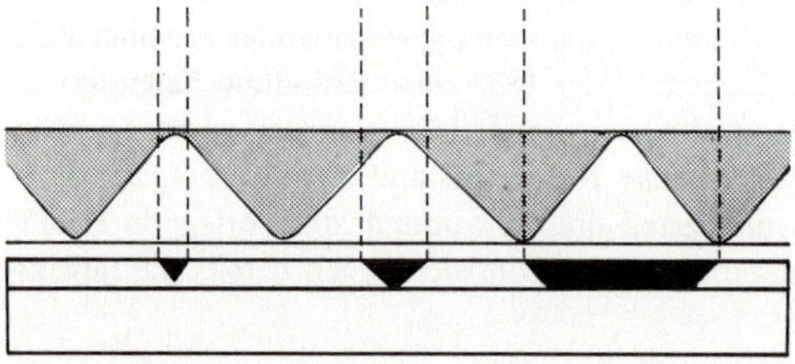

Graukontaktraster

Film, Rasteraufnahme

Rasteraufnahme: Große Helligkeit in der Vorlage bewirkt starke Lichteinwirkung, daher große Punkte, geringe Helligkeit schwache Lichteinwirkung kleine Punkte auf dem Filmnegativ

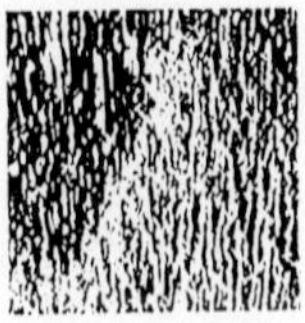

Spezialkontaktraster. Es gibt eine Reihe von Spezialkontaktrastern, die verschiedenen Arbeitsverfahren dienen oder die in der Werbetechnik eingesetzt werden.

V

Spezialkontaktraster
Tiefdruckraster
Rasterweite

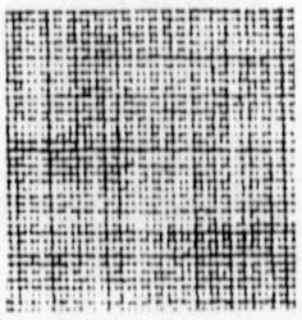
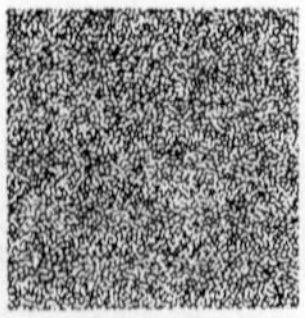

Der Tiefdruckraster besteht aus einer Glasplatte, in die kleine Quadrate eingeätzt und mit Farbe gefüllt sind. Die gedeckten Quadrate sind durch Rasterstege (Verhältnis 1:3) begrenzt, die während des Druckens als Auflage für die Rakel dienen.

Rasterweite. Die Angabe der Rasterweite – beispielsweise 20er-Raster – besagt, daß 20 Linien auf 1 cm kommen, das ergibt 400 Punkte pro Quadratzentimeter. Für *Hochdruckarbeiten* wird die Rasterweite je nach der Qualität und der Oberfläche des Papiers gewählt.

Rasterweite → Papier	20er- bis 30er-Raster	für maschinenglattes Papier, Zeitungspapier
	24er- bis 40er-Raster	für glattes Papier, satiniertes Papier
	40er- bis 54er-Raster	für maschinengestrichenes Papier
	54er- bis 60er-Raster	für sehr glattes Papier, Kunstdruckpapier

Im *Offsetdruck* ermöglicht es die Wirkung des Gummidrucktuches, auch feine Raster für gröbere Papiere zu verwenden.

24er

40er

48er

60er

V

Farbenmischung
Rasterwinkelung

Körperfarbenmischung (subtraktive Farbmischung). Grundfarben sind Gelb, Magenta (Purpurrot), Cyan (Blaugrün), Zweitfarben (Orange, Grün, Violett) entstehen durch Zusammendruck der Grundfarben. Die Summe aller Farben ist Schwarz

Rasterwinkelung. Bei einfarbigen Arbeiten verlaufen die Linien des Rasters im Winkel von 45 Grad zur Senkrechten (optisch ruhigste Wirkung auf das Auge).
Für die Herstellung mehrfarbiger Arbeiten dienen *vier* verschieden gewinkelte Rasterfolien: 0, 15, 45 und 75 Grad. Mit dem Kreis- und Drehraster kann man durch Drehen jede erforderliche Rasterwinkelung einstellen.

Prinzip des Vierfarbendrucks: Gelb—Magenta—Cyan—Schwarz. Man beachte die Wirkung der Farbenmischung und die Rasterwinkelung. — Rechts: Vierfarben-Offsetdruck, 60er-Raster

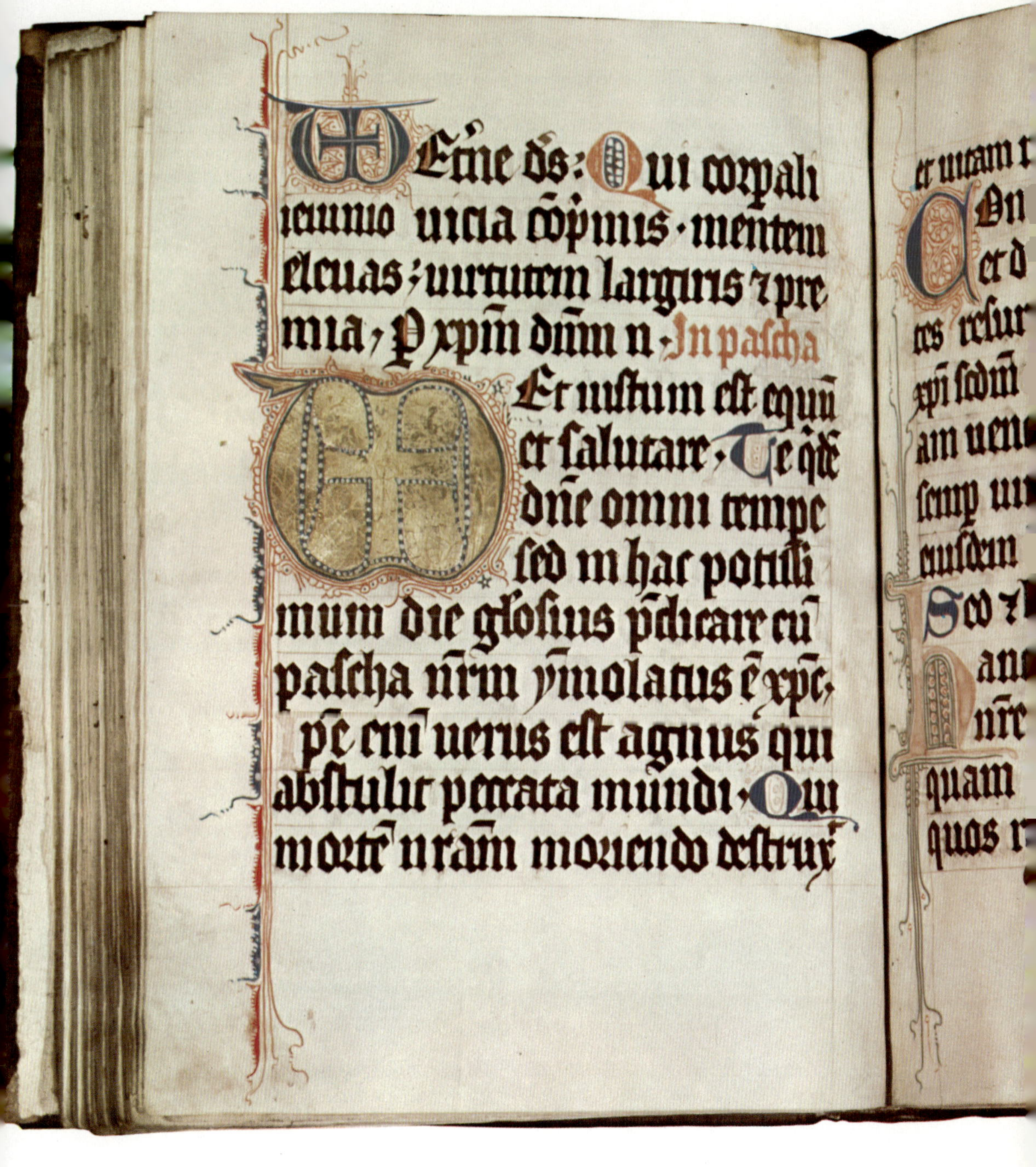
Eterne ds: Qui corpali
ieiunio uicia cōpmis · mentem
eleuas: uirtutem largiris et pre
mia, Per xpm dnm n. In pascha
Et iustum est equū
et salutare, Te quide
dne omni tempe
sed in hac potissi
mum die gloriosius pdicare cu
pascha nrm ymolatus e xpc,
Ipse enim uerus est agnus qui
abstulit peccata mundi. Qui
mortem nram moriendo destrux

V Die Halbtonaufnahme

Halbtonaufnahme
Filmmaterial

Unter Halbtonaufnahmen versteht man die photographische Wiedergabe der Tonwerte einer Vorlage ausschließlich durch das photographische Korn der Emulsion des Halbtonfilms. Vornehmlich dienen Halbtonaufnahmen zur Ausfilterung der Farben eines Mehrfarbensatzes. Die Halbtonaufnahmen werden als Filmhalbtonpositive im Tiefdruckverfahren weiterverarbeitet. Die Halbtonnegative dienen als photographisches Zwischenprodukt zur Aufrasterung.

Das Filmmaterial

unterscheidet man nach Gradation und nach Farbempfindlichkeit. ① Gradation (Gamma): Für Strich- und Rasteraufnahmen benötigt man Filme harter Gradation, für Halbtonaufnahmen Filme abgestufter Gradation (reiche Tonwertwiedergabe). ② Farbempfindlichkeit: Die Filme werden nach ihrer Farbempfindlichkeit (Farbwiedergabe) eingeteilt in.

Blauempfindlicher Film	für den blauen Bereich des Lichtes, verwendet meist als Kontaktfilme;
Orthochromatischer Film	außer für Blau auch für Gelb und Grün empfindlich. Für alle Schwarzweißaufnahmen, jedoch nicht für farbige Vorlagen, die nur einfarbig zu reproduzieren sind.
Panchromatischer Film	für alle Farben empfindlich. Für die Ausfilterung von Farbsätzen.

Umseitig:
Meßbuch (Missale Cisterciense), Text gotische Minuskeln, Initialen aus Uncialis, Pergament, 285×215 mm, Ende 14. Jahrhundert, Zisterzienserstift Zwettl, NÖ. (genehmigte Wiedergabe)

Die Reproduktionskameras

Die eigentliche Kamera besteht aus dem Objektiv und dem Objektivträger sowie dem Balgen, der mit dem Kassettenteil verbunden ist. In diesem befinden sich Mattscheibe, Kassette und Rasterhaltervorrichtung. Reproduktionskameras arbeiten außer mit Planfilm auch mit Rollfilm und benötigen Lichtquellen, die eine Farbtemperatur von etwa 5000 Grad K (Kelvin) abgeben. Zu unterscheiden sind zwei Haupttypen von Reproduktionskameras:

Horizontalkamera und Vertikalkamera. Der Unterschied zwischen den beiden Kameraarten besteht darin, daß die Horizontalkamera die Aufnahmen größerer Vorlagen gestattet; die Vertikalkamera hingegen bewältigt rasch Serienaufnahmen kleiner und mittlerer Formate. Die beiden Kamerasysteme werden entweder als Hellraum-, Dunkelraum- oder als Zweiraumkamera erzeugt und eingesetzt.

Hellraumkamera. Der Aufnahmeraum (Hellraum) ist von der Dunkelkammer getrennt. Die Kassette (mit dem Aufnahmegut) muß in die Dunkelkammer gebracht werden.

Dunkelraumkamera. Da die Aufstellung in der Dunkelkammer erfolgt, ist diese gleichzeitig auch der Aufnahmeraum.

Zweiraumkamera. Vorlagenhalter, Lampen und Objektiv sind im hellen Raum, Kassettenteil und der Bedienungsstand in der Dunkelkammer. Die Zweiraumkameras werden am häufigsten verwendet.

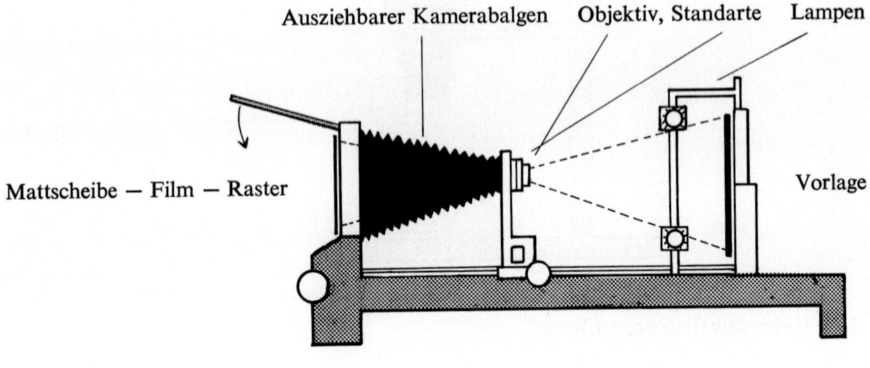

Horizontalkamera, ermöglicht starke Vergrößerungen

V

Vertikalkamera
Reproduktions-vergrößerer

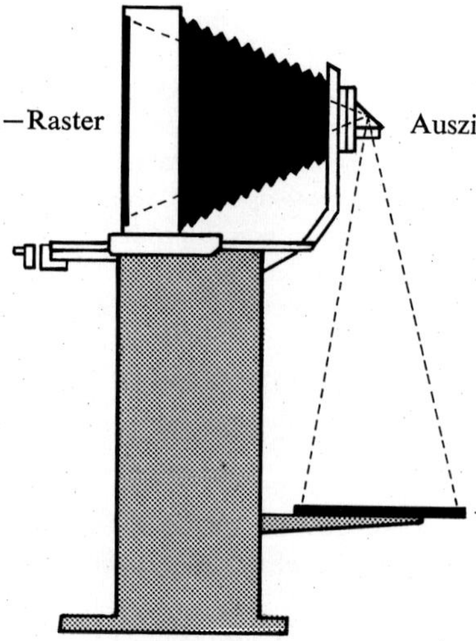

Vertikalkamera, ermöglicht nur geringe Vergrößerungen, hat eine automatische Scharfeinstellung

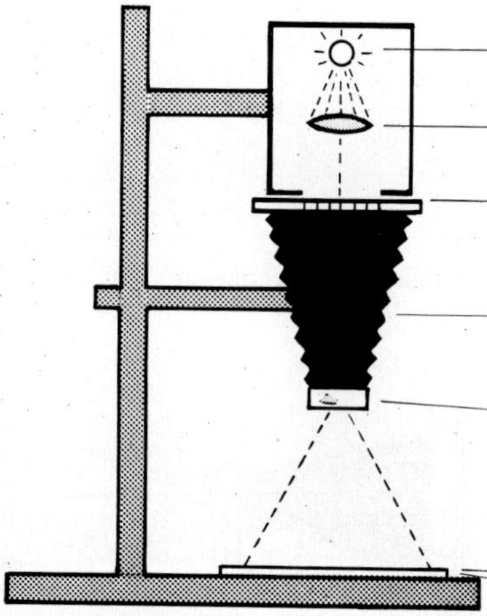

Der Reproduktionsvergrößerer

Er dient zur Aufnahme von Durchsichtsvorlagen, und zwar in den Maßen 24 × 36 mm bis 20 × 25 cm; die Vergrößerungen reichen bis zum Format 60 × 70 cm. Der Reproduktionsvergrößerer ist ein Dunkelkammergerät und hat den Vorteil geringeren Platzbedarfs.

Der Anwendungsbereich umschließt die Herstellung von Masken, Farbauszügen, Duplikatdias, Aufrasterungen und Projektionen (nach Schwenken des Apparatkopfes um 90 Grad). In Geräten mit Hochleistungslampen können neben Halbtonaufnahmen (Schwarzweiß und Farbe) auch Direktrasterungen ausgeführt werden.

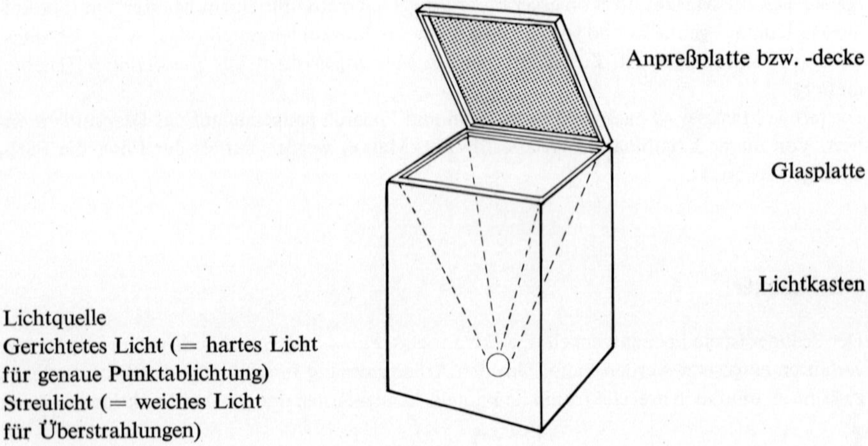

Das Kontaktkopiergerät

Es entspricht einem pneumatischen Kopierrahmen, in dem Arbeiten im Originalformat (also 1:1, demnach die Bezeichnung Kontakt) ausgeführt werden.
Die Anwendungsbereiche sind vielfältig und umfassen die Herstellung von Kontaktkopien, Farbauszügen (1:1), Aufrasterungen, photographischen Masken und Nutzfilmen.

Das Maskieren

Durch das Maskieren sollen Farbabweichungen und -verschiebungen korrigiert werden. Sie entstehen bei farbigen Reproduktionen, weil die Filter auch andere Farben teilweise durchdringen lassen, sowie durch die spektrale Unvollkommenheit der Druckfarben. Das Verfahren wird durch die Verwendung von Spezialfilmen (Halbtonfilme) erleichtert.
Zur Aufnahme gelangen zwei Gruppen von Originalen: *Aufsichtsoriginale* (beispielsweise Gemälde, Zeichnungen, Photos, Drucke) und *Durchsichtsoriginale* (Diapositive). Der Vierfarbensatz erfordert zum Drucken je eine blaue, gelbe, rote und schwarze Druckform (Platten für den Flach- oder den Hochdruck, dementsprechende Zylinderätzungen oder -gravuren für den Rotationstiefdruck). Um die entsprechenden vier Farbauszüge herstellen zu können, wird

jeweils durch das *komplementärfarbige Filter* belichtet (Komplementärfarben sind jene Farben, die im spektralen Farbkreis gegenüberliegen und sich im Druck zu Schwarz ergänzen). Demnach erfordert:

Cyanauszug — Rotfilter
Gelbauszug — Blaufilter
Magentaauszug — Grünfilter

Herstellung der Maske. Im Kopiergerät wird das Diapositiv mit einem Maskenfilm (Spezialfilm) in Kontakt gebracht und so ein Filmnegativ (= Maske) hergestellt, das im Schwärzungsumfang stark reduziert ist. Zu entsprechenden Messungen dient ein *Densitometer* (Dichtemesser).
Die fertige Maske wird nach dem Entwickeln und Fixieren paßgenau auf das Diapositiv montiert. Von dieser Kombination (Diapositiv plus Maske) werden mittels der Filter die Farbauszüge hergestellt.

Der Scanner

Der Scanner ist ein hochentwickeltes, elektronisches *Farbauszugsgerät*, welches für alle Druckverfahren eingesetzt werden kann. Um den Arbeitsvorgang in seinen Grundzügen verstehen zu können, muß man drei elektronische Bauteile kennenlernen und um ihre Funktionen wissen.

Die Photozelle ist das elektronische Auge, das Lichtenergie in Stromenergie umwandelt. Vergleichbar ist dieser Vorgang etwa mit einem Mikrophon, das Schall in Stromenergie umsetzt.

Der Multiplier (oder Lichtverstärker). In diesem Bauteil wird Betriebsstrom durch elektronische Röhren verstärkt.

Der elektronische Rechner entspricht einem Rechner, wie er in Datenverarbeitungsanlagen Verwendung findet (Dualsystem).

Der Arbeitsablauf. Die Vorlage (Aufsicht oder Durchsicht) wird abgetastet. Das Licht wird verstärkt, in Strom umgewandelt und der Rechnungsanlage eingespeichert. Die eingespeicherten Tonwertdaten können durch vorprogrammierte Korrekturwerte geändert werden; ebenso ist es möglich, Veränderungen mittels Reglerkorrekturen (durch entsprechende Einstellung des Gerätes) vorzunehmen. Somit kann man mit dem Scanner ein Endprodukt erzielen, das einem fast korrekturfreien Farbauszug entspricht.
Über diesen normalen Arbeitsablauf hinaus können weitere Arbeiten ausgeführt werden. So ist es möglich, durch Abtasten einer Maskenwalze (Trickwalze) Schriften einzukopieren, aber auch auszukopieren, also Teilbildkorrekturen vorzunehmen. Dabei werden die ursprünglichen Abtastwerte (Ist-Impulse) vom Rechner in neue, korrigierte Tonwerte (Soll-Impulse) umgewandelt. Die korrigierten elektronischen Ströme werden dann durch die Schreiblampe wieder in Lichtenergie umgewandelt und belichten im Schreibgehäuse — zeilenweise, mit 200 bis 400 Linien/cm — den Film, der auf der Schreibwalze aufgebracht ist.

Bei Direktrasterung erfolgt die Belichtung durch den auf dem Film liegenden Grauraster; bei neuesten Geräten vollführt diese Aufgabe eine Laserkanone (gebündeltes, gleichgerichtetes Licht, auf einen Punkt konzentriert).

Vergrößerungen und Verkleinerungen vollziehen sich in der Querrichtung elektronisch, in der Längsrichtung mechanisch. Sie reichen von zirka 33⅓ bis 1.685 Prozent. Die mechanische wie die elektronische Vergrößerung kann durch Wechseln von drei Walzen mit verschiedenen Walzenumfängen unterstützt werden.
Beispiel: Ist der Umfang der Vorlagenwalze, verglichen mit dem der Schreibwalze, um die Hälfte kleiner, so ergibt dies eine Vergrößerung von 100 Prozent.
Ist der gesamte Arbeitsvorgang unter Nutzung aller vom Gerät gebotenen Möglichkeiten abgeschlossen, wird der exponierte Film entwickelt und sodann nach eventuellen Verbesserungen in der Montage weiterverarbeitet.

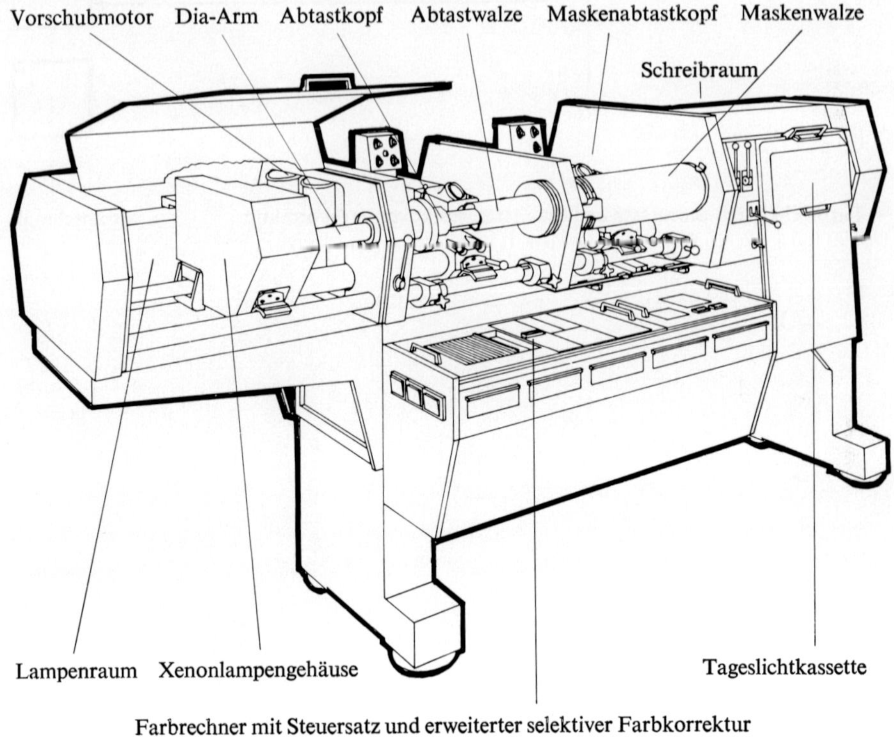

V

Scanner

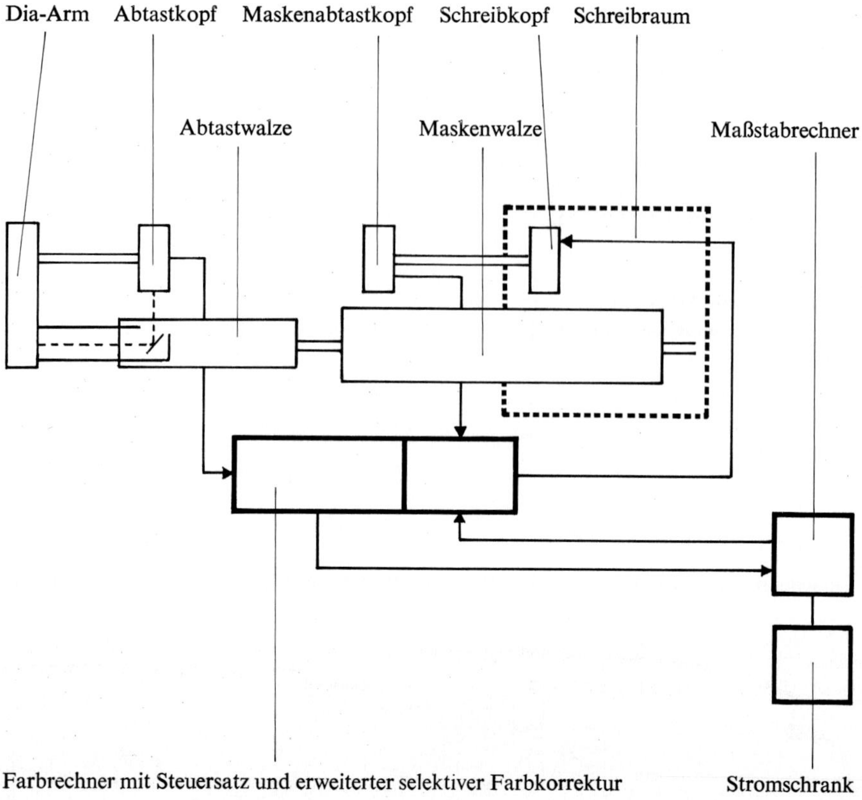
Dia-Arm
Abtastkopf
Maskenabtastkopf
Schreibkopf
Schreibraum
Abtastwalze
Maskenwalze
Maßstabrechner
Farbrechner mit Steuersatz und erweiterter selektiver Farbkorrektur
Stromschrank

VI Die Herstellung der Druckformen

Die Metallätzung. Strich- und Rasterätzung (Autotypie)

Für die Herstellung von zu ätzenden Druckstöcken wird vornehmlich Zink, weiters Magnesium, seltener Kupfer und Messing verwendet.

Kopie: Von einer Strich- oder Halbtonvorlage stellt der Reproduktionsphotograph ein Negativ her. Eventuelle Retuschen werden auf dem Filmnegativ durchgeführt. Dieses wird – Schichte auf Schichte – auf die Platte, die mit einer lichtempfindlichen Schichte versehen ist (vorbeschichtete Platte), kopiert.

Belichtung: Durch Lichteinwirkung werden die druckenden Stellen auf der Platte gehärtet und sind dadurch nach dem Entwickeln sichtbar und säurewiderstandsfähig.

Ätzmaterial: Zum Ätzen von Zink und Magnesium wird *verdünnte Salpetersäure* (HNO_3) im Verhältnis von annähernd 1:10 (Salpetersäure:Wasser) verwendet; die Zusammensetzung hängt von der beabsichtigten Ätzwirkung ab, die durch die Bildwirkung – kontrastreich bis weich – bestimmt wird. Für Kupfer und Messing dient als Ätzmittel eine *Eisenchloridlösung.*

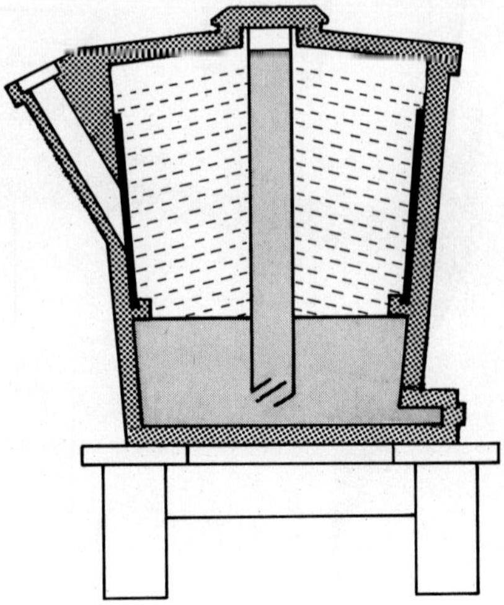

PH-Ätzmaschine
Das Ätzmittel wird auf die Platten gesprüht

VI

Ätzung
Einstufenätzung

Die Ätzung bewirkt ein Vertiefen der nichtdruckenden Stellen. Die Ätzwirkung vollzieht sich jedoch nicht nur nach der Tiefe, sondern auch nach der Seite.
Bei Strichätzungen müssen — um das Unterätzen der druckenden Stellen zu verhindern — die Flanken geschützt werden. Bei Autotypien werden die Punktzwischenräume zuerst in der *Einstufenätzmaschine* vertieft (Punkttiefätzen), bei der anschließenden Tonwertätzung wird der Punkt seitlich abgebaut.
Für die Ätzwirkung sind folgende Faktoren maßgebend: die Konzentration der Säure, deren Temperatur und die Bewegungsart der Ätzflüssigkeit während der Ätzung (Wanne oder PH-Ätzmaschine).

Das Einstufenätzverfahren

Dieses Ätzverfahren ermöglicht es, die entsprechende Ätztiefe bei Strich- und Rasterklischees in einem Arbeitsgang — *einer Stufe* — zu erreichen. Beim konventionellen Ätzen (Wiener Trockenwalzmethode) waren für den gleichen Prozeß — im stufenweisen Abbau — sechs bis sieben Ätzungen notwendig.

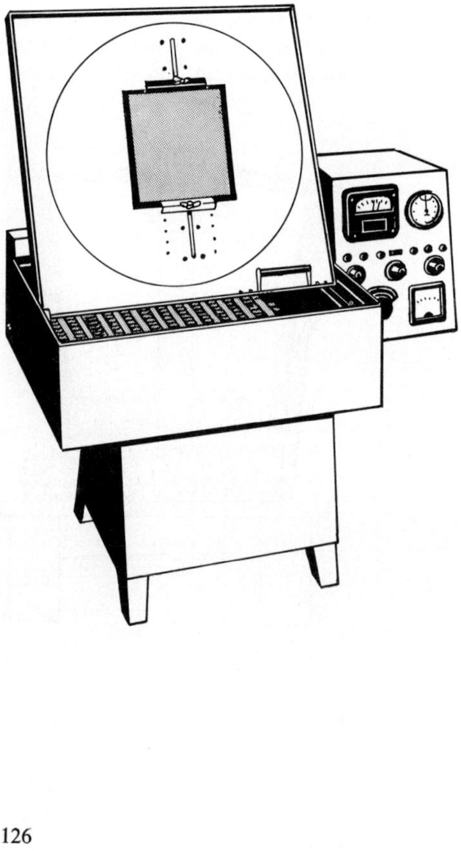

Einstufenätzmaschine

Einstufenätzung
Düsensystem
Paddelsystem

Das Ätzbad wird aus verdünnter Salpetersäure ($HNO_3 + H_2O$) mit Zusatz eines Flankenschutzmittels angesetzt. Das *Flankenschutzmittel*, eine ölige Substanz, schützt die Flanken während des Ätzprozesses. Die Zusammensetzung des Ätzmittels ist etwa 85 Prozent H_2O, 12 Prozent HNO_3, 3 Prozent Flankenschutzmittel.

Die Ätzmaschinen sind aus säurefestem Stahl oder Kunststoff gefertigt und arbeiten – genannt nach der Bewegungsart des Ätzmittels – im Düsensystem oder im Paddelsystem. Eine Einstufenätzmaschine besteht im wesentlichen aus:

① Drehbarer Plattenvorrichtung, die eine gleichmäßige Besprühung gewährleistet. ② Heiz- und Kühlvorrichtung, die eine konstante Badtemperatur bewirkt. ③ Umwälzpumpe für ständige Durchmischung des Bades, unabhängig von der Badbewegung während des Ätzens. ④ Absaugvorrichtung, um die entstehenden nitrosen Gase abzusaugen. ⑤ Steuerpult, durch das die Badtemperatur, die Geschwindigkeit und die Zeit eingestellt und kontrolliert werden kann.

Beim Düsensystem preßt eine Pumpe das Ätzmittel in Rohre, die in regelmäßigen Abständen durchbohrt sind. Durch diese Öffnungen (Düsen) wird das Ätzmittel an die Platte gesprüht.

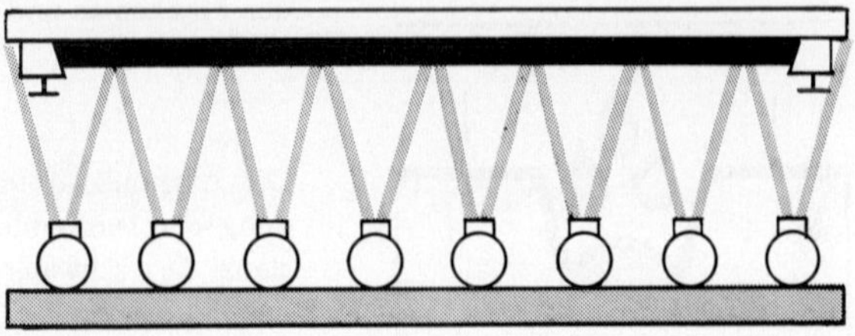

Beim Paddelsystem wird das Ätzmittel durch Schaufelwellen (Ätzpaddel) gegen die Platte geschleudert.

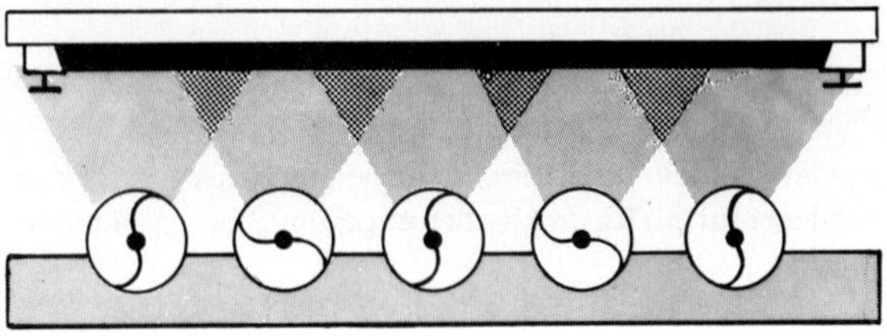

VI

Wirkungsweise des Ätzmittels

Die Wirkungsweise des Ätzmittels mit dem Zusatz Flankenschutzmittel ist auf drei Arten zu erklären:

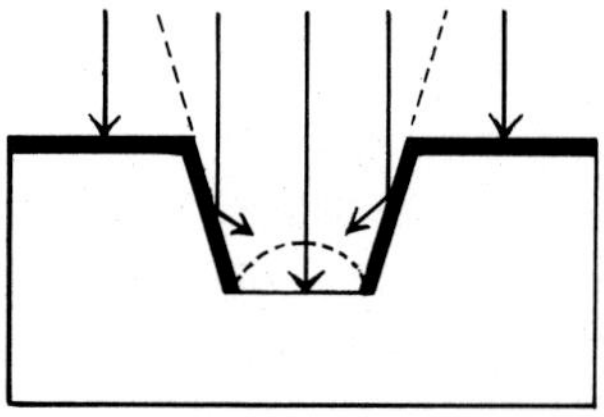

Durch die Aufprallrichtung (Winkel) gleitet das Ätzmittel an den Flanken ab, so daß eine geringere Ätzwirkung entsteht.

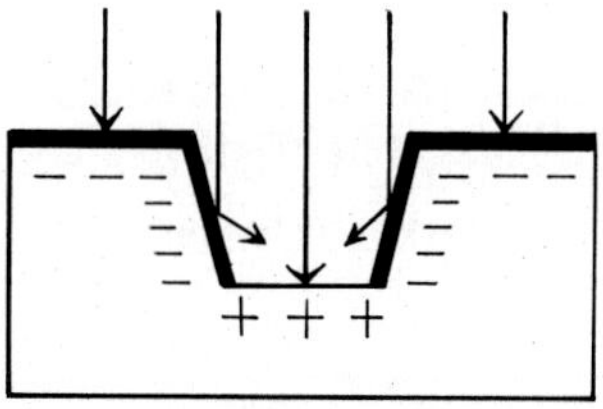

Die Wärme, die an den Ätzflächen entsteht, bewirkt, daß das Öl (Flankenschutzmittel) nur von den kühleren, durch Kopierlack geschützten Stellen angenommen wird. Im Verlaufe der Ätzung gleitet das Öl an den Flanken ab und schützt sie vor dem Ätzmittel.

Die Aufprallkraft des Ätzmittels bewirkt eine Trennung der verdünnten Salpetersäure von der Ölsubstanz. Der schwerere Teil — die Säure — berührt die Platte zuerst. Der leichtere Teil — die Ölsubstanz — wird durch die Strömung an die Flanken geschwemmt und lagert sich an diesen ab.

Im Laufe des Arbeitsganges wird das Bad angesetzt und durchgemischt, die Platte abgewogen und das Gewicht eingetragen, mit Schlämmkreide und Säure entschleiert, die Platte eingespannt und geätzt, die Platte entnommen, Oxyd und Fett entfernt, die Platte abgewogen und Gewicht eingetragen. — Vor dem Ätzen der nächsten Platte wird die Säure wieder ergänzt und gemischt.

Ätzdauer für ein Strichklischee ungefähr 15 bis 20 Minuten
Ätzdauer für ein Rasterklischee ungefähr 3 bis 5 Minuten

Tonwertkorrektur der Rasterätzung

Im Verlaufe des Reproduktionsvorganges entsteht ein Tonwertverlust; um diesen auszugleichen – zumindest aber möglichst gering zu halten –, sind Tonwertkorrekturen vorzunehmen. Davon unabhängig muß bedacht werden, daß der Tonwert Weiß durch die Rasterung einen Verlust von 10 Prozent erfährt und Schwarz durch den feinen Schattenpunkt nur noch 90 Prozent der Tiefe besitzt.

10% 20% 30% 40% 50% 60% 70% 80% 90%

Arbeitsvorgang: Nach Entnahme der in der Einstufenätzmaschine „*punkttief*" geätzten Autotypie ergibt sich folgende Weiterarbeit:
Platte entfetten (Haushaltsmittel, Benzin). *Nachätzen* in der Wanne oder in der PH-Ätzmaschine. Kraftdeckung. Abdecken der dunklen Bildstellen mit Asphaltlack, um sie vor weiterem Ätzen zu schützen. *Weiterätzen.* Lichterdeckung. Abdecken der grauen Bildstellen, um sie vor weiterem Ätzen zu schützen. Weiterätzen der lichtesten Bildstellen – der noch offenen Rasterpunkte – *Spitzätzen*, um den Tonwert von Weiß zu erreichen.

Die Gravur

Außer durch Ätzen und Auswaschen können Druckstöcke, ebenso Folien, für Schwarzweiß- und mehrfarbige Arbeiten (Vierfarbensätze) in elektronischen Graviergeräten hergestellt werden.

Als Graviermaterial dienen Zink und Kupfer sowie kopierfähige und druckfähige Folien.

Graviervorlagen können sowohl Aufsichtsbilder als auch Durchsichtsvorlagen sein. Die Rasterweiten reichen von 24 Linien/cm bis 70 Linien/cm. Während in den Normalgeräten die Umsetzung der Vorlage zur Gravur im Verhältnis 1:1 erfolgt, arbeiten die Variogeräte mit Vergrößerungen bis zum Format von 31×43 cm. Die Vergrößerungen können im Verhältnis 1:4, die Verkleinerungen im Verhältnis 3:1 erfolgen.

Ein elektronisches Graviergerät besteht im wesentlichen aus dem Abtastteil, dem Gravierteil und dem Steuerteil (Steuerpult).

VI

Graviermaschine

Der Abtastteil besteht aus dem Optikkopf, dem drehbaren Bildtisch für vier Rasterwinkelungen und aus den Photozellen. Durch die Lichteinwirkung entsteht ein elektronischer Impuls, der, durch die Elektronik verstärkt, auf den Stichel übertragen wird und diesen in das Graviermaterial treibt. Die Intensität der Lichteinwirkung ist maßgebend für die Tiefe des Stiches.

Der Gravierteil besteht aus dem Gravierkopf mit dem Stichel und dem drehbaren Graviertisch. Die Rasterwinkelungen auf dem Graviertisch müssen mit den Rasterwinkelungen auf dem Bildtisch übereinstimmen.

Im Steuerpult befinden sich die Regler für die Grund- und die Bildeichung, der Gradationseinschub und die Elektronik.

Der Arbeitsvorgang. Gerät einschalten, Grundeichung, Bild einlegen (Rasterwinkelung), Größeneinstellung, Blenden- und Filterwahl, Bildschärfeeinstellung, Rasterwahl, Bildeichung; nun wird die Platte auf den Graviertisch gelegt (Rasterwinkelung), Probegravur und Gravur; manuelle Korrektur.

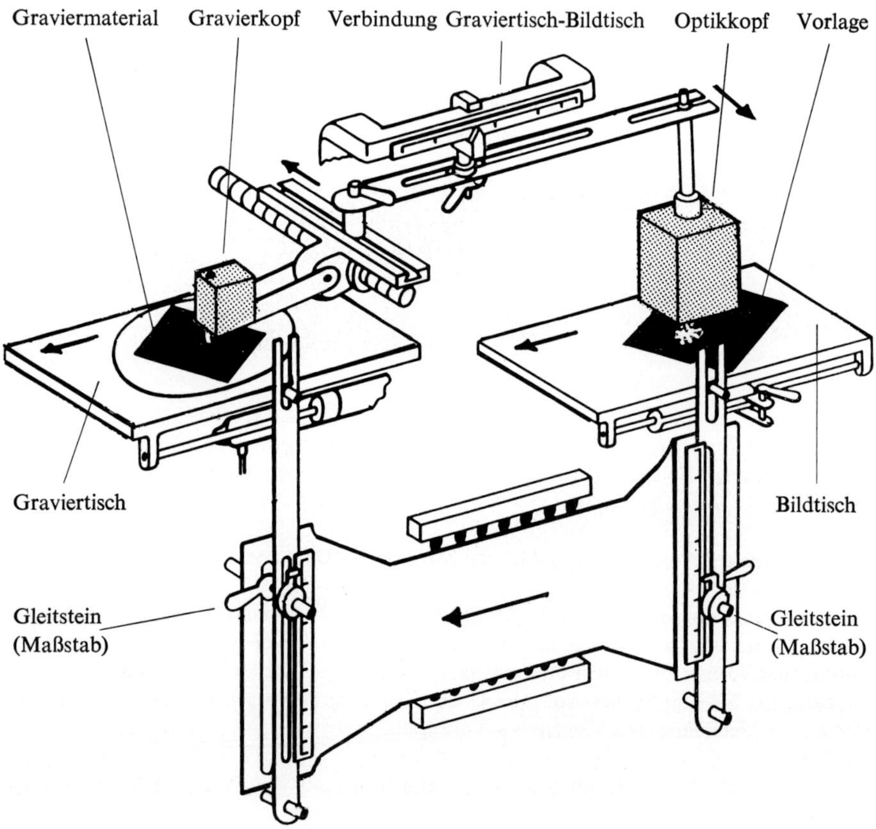

Das Auswaschverfahren

Das Material ist eine kunststoffbeschichtete Metallplatte. Der Metallträger für Wickelplatten (Rotationsdruck) ist aus Stahl, für Flachformdruckplatten aus Aluminium. Das Basismaterial für die Schichte ist reiß-, bruch- und verschleißfestes Nylon (Polyamid), das außerdem lichtempfindlich ist.

Als Geräte sind ein Belichtungsgerät und ein Auswaschgerät für Rund- sowie für Flachformen erforderlich.

Als Auswaschmittel werden alkoholhaltige Lösungen, Sodalösungen, mitunter auch nur Wasser verwendet.

Der Arbeitsvorgang: Die Platte wird auf das Format gebracht. Zum Belichten liegt Schichte auf Schichte. Voraussetzung für den Kopiervorgang sind tonwertrichtige, seitenrichtige Cronar-Negative; die Eigenschaften des Cronar-Films sind mattierte Oberfläche und hoher Schwärzungsgrad. Die Belichtung bewirkt, daß die belichteten Stellen unlöslich werden. Das Auswaschen erfolgt im Auswaschgerät. Im Anschluß daran wird die Platte getrocknet und nachbelichtet (gehärtet).

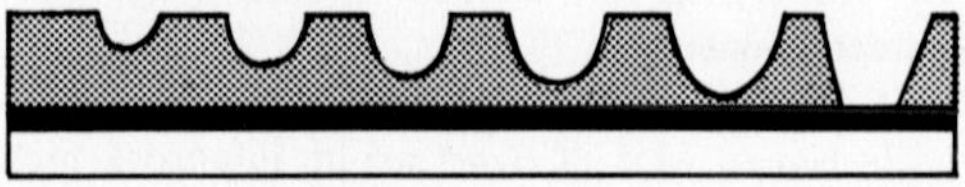

Das Ätzen von Rasterdiapositiven

Rasterdiapositive dienen als Kopiervorlagen für den Flachdruck.

Das Ätzmittel besteht aus Blutlaugensalz, Fixiernatron und Wasser.

Die Ätzbarkeit des Films hängt wesentlich davon ab, ob der zu ätzende Punkt photographisch *aufgebaut* ist oder nicht. Der aufgebaute Punkt entsteht durch Aufrasterung oder direkte Rasterung; dadurch ist das Abätzen bedenkenlos möglich. Anders verhält sich der nicht aufgebaute Punkt. Er entsteht durch Umkopieren, weshalb man nur kurze Ätzungen vornehmen darf. Zu kräftiges Ätzen macht den Punkt braun, lichtdurchlässig; somit ist er nicht mehr kopierfähig.

VI

Ätzen von Rasterdiapositiven

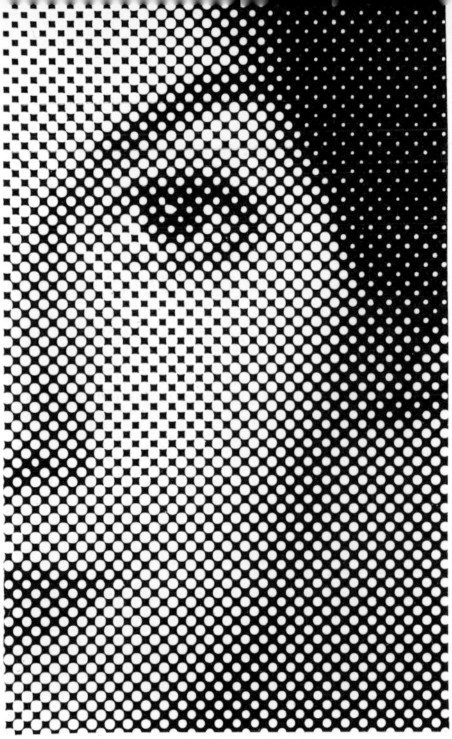

Punktraster, Viertelton

Der Ätzvorgang vollzieht sich in einer Folge von Arbeitsgängen, die mehrfach *wiederholt* werden können:

① *Wässern* des Films, wodurch die Gelatineschichte aufquillt. ② *Ätzen*, wobei die Wanne leicht bewegt wird. ③ *Trocknen* im Filmtrockenschrank. Abdecken jener Töne (mit Abdecklack), die nach dem Abätzen bereits dem Originalton entsprechen.

Abschließend werden die Filme auf die Richtigkeit der Tonwerte geprüft und auf die Druckplatte kopiert.

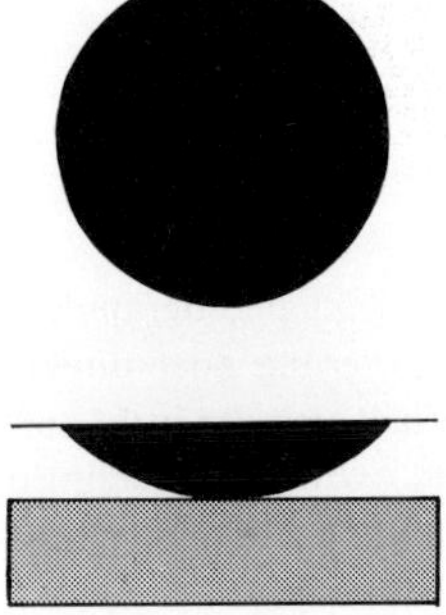

Aufgebauter gut ätzfähiger Rasterpunkt (voll gedeckt)

Kopierter begrenzt ätzfähiger Rasterpunkt (flach)

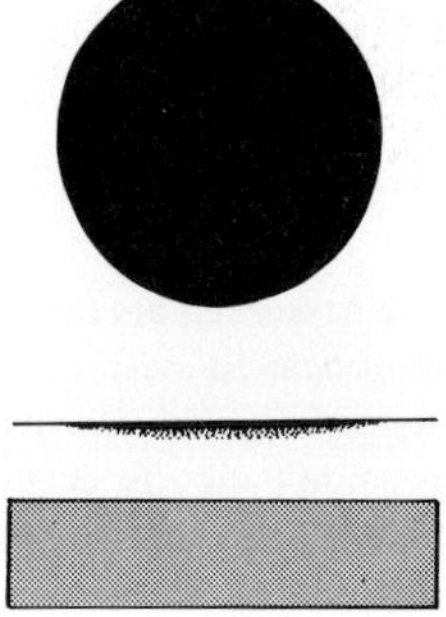

Herstellung von Landkarten

Der Kartographie obliegt unter anderem die Fertigung der Originale zur Druckformenherstellung für Kartenwerke, wie Stadtpläne, topographische Grundkarten oder geographische Karten. Darüber hinaus für thematische Karten, welche auf graphische Weise Einblick in die vielfältigsten Gebiete gewähren.
Topographische Grundkarten — mitunter auch Stadtpläne — werden auf Grund eines verdichteten Festpunktfeldes, nach Luftbildmessungen und topographischen Erkundungen gewonnen. Die Originale für diese Werke, alle Folgemaßstäbe und thematischen Karten mit ihren spezifischen Informationen werden maßstabgetreu, unter Beachtung eines Zeichenschlüssels, gezeichnet oder in Schichtgravur erstellt. Dies gilt im allgemeinen für die Grundelemente: Situation, Gewässer und eventuelle Höhenschichtlinien. Der für die Beschriftung der Karte benötigte Text wird überwiegend im Photosatz — als Titelsatz und mit Photosetzgeräten — hergestellt. In einzelnen Fällen dient für die Nomenklatur auch der Bleisatz.
Zusätzliche Farbelemente werden entweder durch Maskierung, Anlegen von Deckern oder Schummerung, wie auch Montagen erreicht und mit photomechanischer Hilfe druckfähig auf die Druckplatte kopiert. Der Druck selbst erfolgt meist im Flachdruckverfahren, wobei eigene Farbskalen von Grau-, Grün- und Blautönen Anwendung finden.

Die verschiedenen Merkmale dieser Tätigkeiten lassen erkennen, wie sehr die Arbeitsabläufe, die zur Herstellung der verschiedenen Druckformen führen, einander ähnlich, in manchen Abschnitten sogar gleich geworden sind. Zweifellos liegt dies in der Entwicklung der Reproduktionsverfahren, die ihrerseits die Bedeutung des Films bei der Herstellung der Druckformen — man denke an den Photosatz und an Farbauszugsgeräte — aufzeigt.

VII Die Druckverfahren

Man unterscheidet drei Hauptdruckverfahren, deren Namen schon auf die Eigenart und Anwendung weisen: Hochdruck, Tiefdruck, Flachdruck; dazu kommt noch das jüngste Druckverfahren, der Siebdruck. Weitere Druckverfahren — wenngleich nicht von gleicher Bedeutung — sind der Flexodruck, Letterset, der Blechdruck und der Lichtdruck.

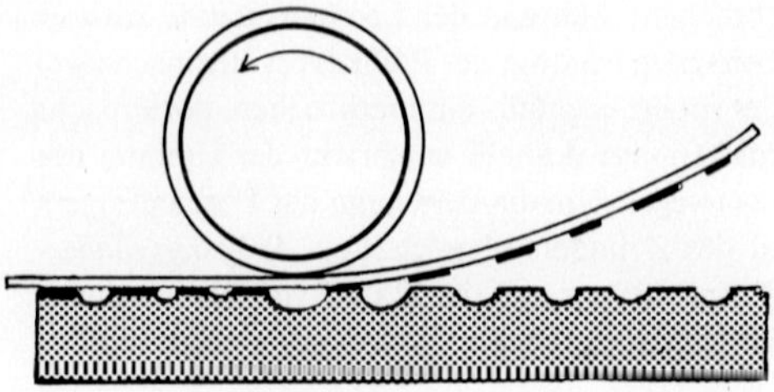

Hochdruckverfahren

Der druckende Teil der Druckform ist höher und in einer Ebene, so daß er beim Einfärben die Druckfarbe aufnimmt; der nichtdruckende Teil ist vertieft, wodurch er beim Einfärben unberührt bleibt. Der Druck kann auf drei Maschinentypen durchgeführt werden.

Der Tiegeldruck kann ① in der *Handpresse* erfolgen. Die Druckform wird von Hand aus eingefärbt. Der Druckvorgang ist mit dem Abziehen eines Holzschnittes des Künstlers vergleichbar. In der Weiterentwicklung wird der Druck in der ② *Tiegeldruckpresse* (Einfärben und Druck automatisch) und im ③ *Tiegeldruckautomaten* (automatisches Einfärben, Zuführen des Bogens bis zur Anlage, Druck und Ablegen des bedruckten Bogens) ausgeführt.

VII

Tiegeldruck
Zylinder-schnellpressen-druck

Bei allen drei Arten bleibt das **Druckprinzip** des Tiegeldruckes gleich: die Druckform ist flach, ebenso der Preßkörper (Papierträger). Der Druck vollzieht sich gleichzeitig von der ganzen Druckform.

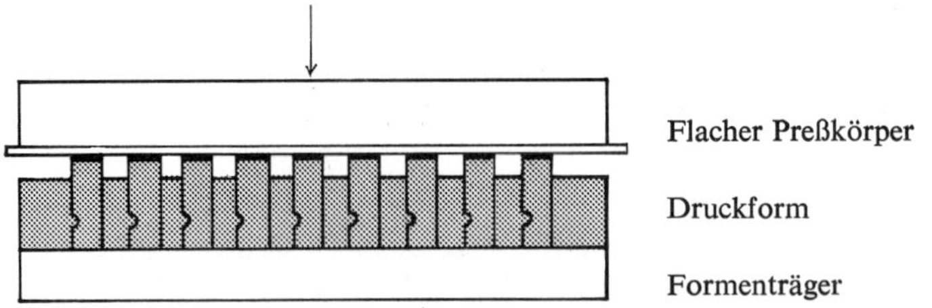

Zylinderschnellpressendruck. Der Druck erfolgt in der *Zylinderflachformpresse.* Der Hochdrucker unterscheidet zwischen einigen Konstruktionsarten. *Stoppzylinderpresse:* der Preßkörper rotiert während der Druckperiode, steht jedoch in der Leerlaufperiode still. *Zweitourenpresse:* der Preßkörper rotiert ununterbrochen; während der Leerlaufperiode wird er von der Druckform abgehoben. Zu einem Arbeitsgang benötigt der Preßkörper demnach zwei Umdrehungen. *Eintourenpresse:* der Preßkörper rotiert ebenfalls ununterbrochen, doch macht er während eines Arbeitsganges nur eine Umdrehung; deshalb entspricht der Umfang des Zylinders der doppelten Länge des Formenträgerweges. Um die Bewegung des Formenträgers bei der Rückkehr zu ermöglichen, ist ein Teil des Zylinders abgeschliffen. *Schwingzylinderpresse:* der Preßkörper befindet sich mit dem Formenträger im Eingriff und vollführt dadurch während des Druckvorganges die gleichen Bewegungen. (Dieses System ist veraltet und in der Praxis kaum noch vertreten.)

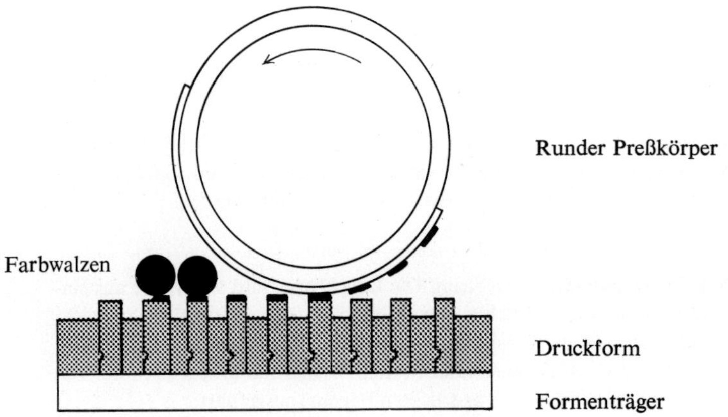

Das Prinzip des Druckes in der Zylinderflachformmaschine: die Druckform ist flach, der Preßkörper (Papierträger) ein Zylinder. Die Druckabwicklung erfolgt streifenweise durch Abrollen des Preßkörpers in der Berührungslinie von Druckform und Zylinder.

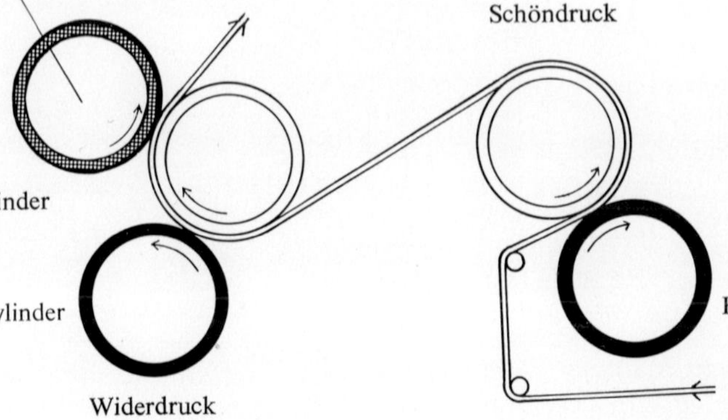

Der Rotationsdruck vollzieht sich zum geringen Teil in *Bogenrotationspressen*. Hauptsächlich wird von der Papierrolle (Papierstrang) auf *Rollenrotationspressen* gedruckt. Ihr Aufbau besteht im wesentlichen aus ① Führung des Papierstranges, ② Zusammenstellung der Druckwerke und ③ in der Anordnung der Schneid-, Sammel- und Falzapparate. Daraus ist die Aufgabe der Rollenrotationspresse zu erkennen: Herstellung hoher Auflagen in kurzer Zeit, ein- und mehrfarbig, im Schön- (Vorderseite) und Widerdruck (Rückseite) sowie die Fertigung des Druckgutes durch Sammeln, Schneiden und Falzen.

Das Druckprinzip der Rollenrotationspresse: Druckformträger und Preßkörper sind Zylinder. Die Druckform muß demnach durch Abformen in eine runde Formenplatte gebracht werden. Dies ist Arbeit des *Stereotypeurs*. Er prägt in der Prägepresse von der flachen Druckform eine Papiermatrize (Mater) und gießt daraus im Rundgießinstrument eine halbrunde Platte (Rundstereotypie). Die Druckform kann auch durch Ätzung oder im Auswaschverfahren aus einer biegbaren Platte bestehen. — Das Wechseln der Papierrolle kann bei laufender Presse erfolgen.

VII

Flexodruck

Flexodruck
Letterset
Tiefdruck-verfahren

Zum Bereich des Hochdruckverfahrens zählt auch der sogenannte Flexodruck (früher Anilindruck genannt). Die Druckformen aus *elastischem* Material (Gummi) werden auf Zylindern montiert. Der Druck erfolgt mit rasch trocknenden Farben im System des Rotationsdruckes.

Letterset (indirekter Hochdruck)

Von einer Rundform (Hochdruck, im Auswaschverfahren hergestellte Druckplatte in Stärken von 0,73 bis 0,94 mm); siehe auch VI Herstellung der Druckformen – Auswaschverfahren, wird die Farbe auf den *Gummizylinder* übertragen und von diesem an den Auflagenbogen abgegeben. Die Druckmaschinenkonstruktion gleicht der einer Offsetpresse, jedoch ohne Feuchtwerk.

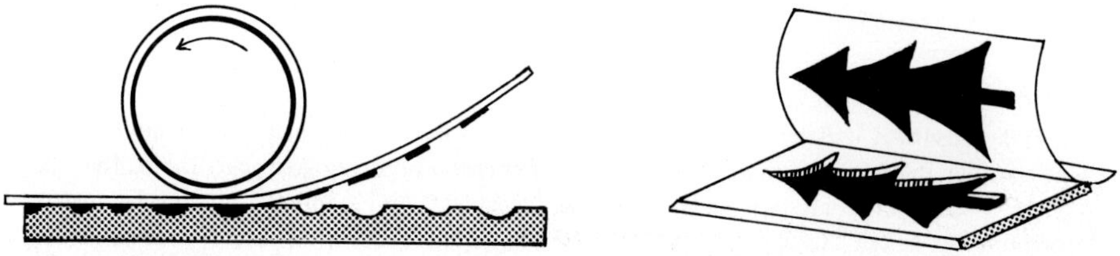

Tiefdruckverfahren

Der Tiefdruck ist die Prinzipumkehrung des Hochdrucks. Alle druckenden Stellen sind in der Druckform (Kupferplatte, Kupferzylinder, daher auch „Kupfertiefdruck“) vertieft – dunklere Partien tiefer, lichtere flacher. Sie nehmen die Farbe auf, während die Oberfläche der Platte oder des Zylinders zum Drucken farbfrei sein muß.

VII
Kupferdruckpresse

Dem Handpressendruck (Abzug) im Hochdruck entspricht der **Druck auf der Kupferdruckpresse**. Die Tiefdruckfarbe wird in die gravierte oder geätzte Platte (Kupferstich oder Radierung) eingerieben; entfernt man die Farbe von der Plattenoberfläche, so verbleibt sie nur in den vertieften Stellen. In der Kupferdruckpresse kommt auf die eingefärbte Platte der (gefeuchtete) Papierbogen und auf diesen ein weiches Drucktuch (Filz). Sodann wird die Druckplatte unter großer Spannung zwischen den beiden Druckwalzen durchgezogen, was bewirkt, daß die Farbe aus den vertieften Stellen herausgehoben wird.

Geätzte Platte (Druckform)

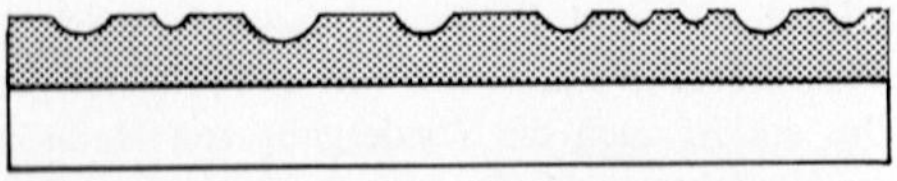

Formenträger

Eingefärbte Platte

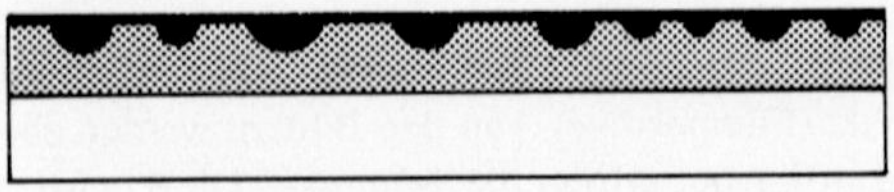

Farbabnahme, Oberfläche wird farbfrei

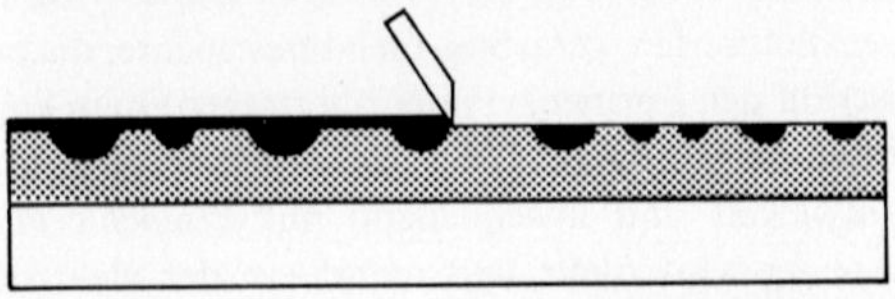

Druckzylinder

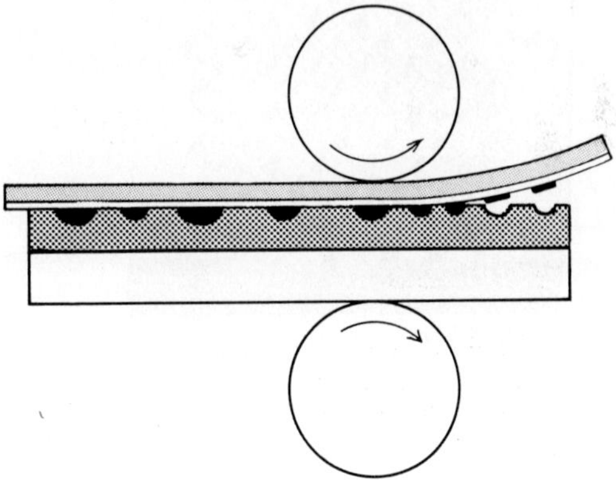

Filz
Papier

Gegendruckzylinder

VII

Rakeltiefdruck
Formenzylinder

Relativ spät — Friedrich Koenig hatte schon die Schnellpresse für den Hochdruck konstruiert — werden die Grundlagen für den mechanischen Kupferstichdruck geschaffen. Erst 1878 gelingt dem Franzosen Constantin Guy die Erfindung einer mechanischen Einfärbung und Wischvorrichtung.

Rakeltiefdruck. In der Weiterentwicklung übernimmt die *Bogentiefdruckmaschine* (die erste Maschine wurde 1910 gebaut) den bogenweisen Druck und die *Tiefdruckrotationsmaschine* den Druck von der Papierrolle. Der wesentliche Fortschritt gegenüber dem Plattendruck in der Kupferdruckpresse besteht in der Überwindung der langwierigen Einfärbung. Dazu war Voraussetzung, daß die Funktion der Kupferplatte von einem aufgekupferten (geätzten) Stahlzylinder übernommen wird. Die entscheidende Lösung, die Anwendung der *Rakel*, ist dem Wiener Karl Klietsch zu danken, der das Verfahren schon im Jahre 1895 in England angewendet hat. Die Rakel ist ein dünnes Stahllineal, das auf den Rasterstegen der Druckform geführt wird und die überschüssige Farbe von der Zylinderoberfläche abstreift. Die Farbe verbleibt somit nur in den von den Rasterstegen abgegrenzten, verschieden tiefen Näpfchen. Das erklärt auch die Wiedergabe von Halbtönen: je *dunkler* der Ton ist, umso *tiefer* ist das Näpfchen in der Druckform dementsprechend kann es auch mehr Farbe aufnehmen, die durch den Druckvorgang auf das Papier übertragen wird.

Die Herstellung des Formenzylinders erfordert mehrere Arbeitsgänge: der Text ist meist Photosatz (Filmpositive), von den Bildern werden ebenfalls Filmpositive angefertigt. Entsprechend dem Layout erfolgt die *Montage.* Diese wird mittels Pigmentpapiers (bestehend aus einer sensibilisierten, gefärbten Gelatineschichte, die auf eine Trägerschichte aus Papier aufgebracht ist) auf den Formenzylinder übertragen: man kopiert auf das Pigmentpapier *zuerst den Raster*, dann die Montage. Die Pigmentpapierkopie wird nun auf den Formenzylinder übertragen, entwickelt und anschließend mit *Eisenchloridlösung* geätzt. Die händisch vorgenommene Ätzung wird mehr und mehr von der elektronisch gesteuerten Ätzung abgelöst. Für den Druck hoher Auflagen wird der Formenzylinder — nach der Ätzung und eventuellen Retuschen — verchromt.

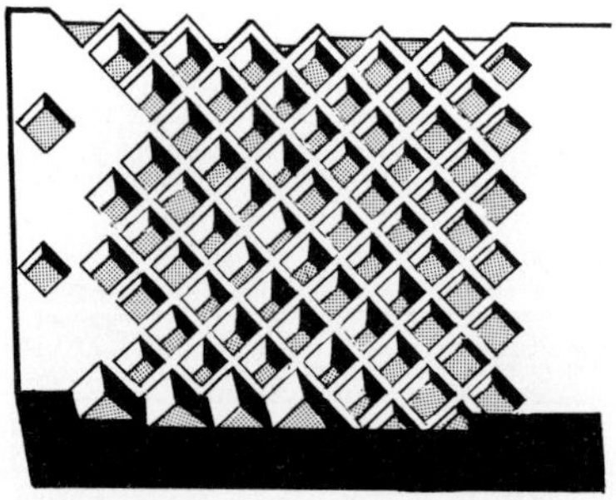

Tiefdruckraster (stark vergrößert)

Nach dem Prinzip der Druckformenherstellung für den Hochdruck können auch die Tiefdruckzylinder mit elektronischen *Graviermaschinen* (Helio-Klischograph) hergestellt werden.

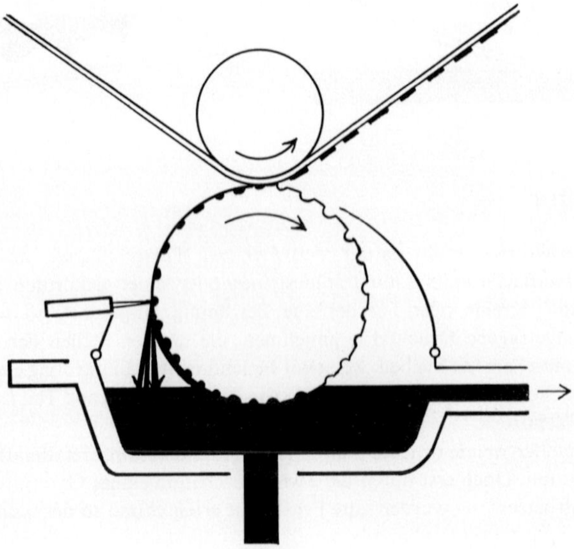

Die Einfärbung des Formenzylinders kann auf die einfachste Art im sogenannten *Tauchsystem* erfolgen: der Formenzylinder taucht (läuft) in der Farbwanne und entnimmt so direkt die sehr dünne Farbe. Oder eine andere Art: eine *Auftragwalze* nimmt die Farbe aus der Farbwanne auf und übergibt sie an den Formenzylinder. Dann streift die Rakel den Farbüberschuß von der Zylinderoberfläche ab und macht sie farbfrei; die Farbe verbleibt somit nur in den vertieften Stellen und kann durch den Druck übertragen werden.

Auf den Tiefdruckrotationsmaschinen werden vornehmlich illustrierte Zeitschriften, Kataloge, Prospekte und Bücher, ein- und mehrfarbig, in hohen Auflagen gedruckt. Um im *Mehrfarbendruck* ein Höchstmaß an Paßgenauigkeit zu erzielen, ist jedes Druckwerk mit einer elektronischen *Registersteuerung* ausgestattet. Den Druck von vier Farben im Schön- und Widerdruck in einem Arbeitsvorgang ermöglichen rasch trocknende Farben, wobei der Trocknungseffekt durch Trockentrommeln erhöht wird.

VII

Flachdruck-
verfahren
Andrucke

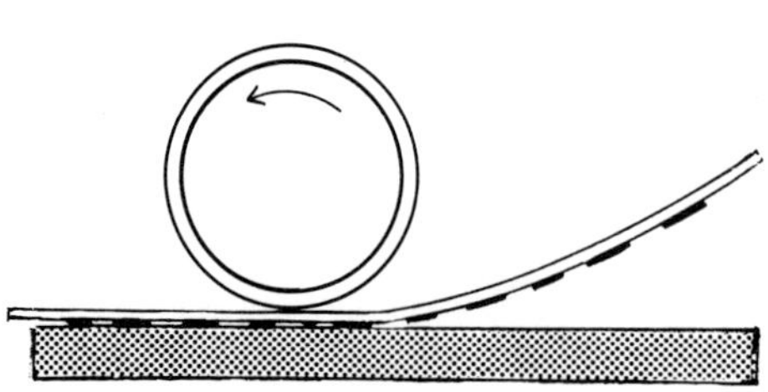

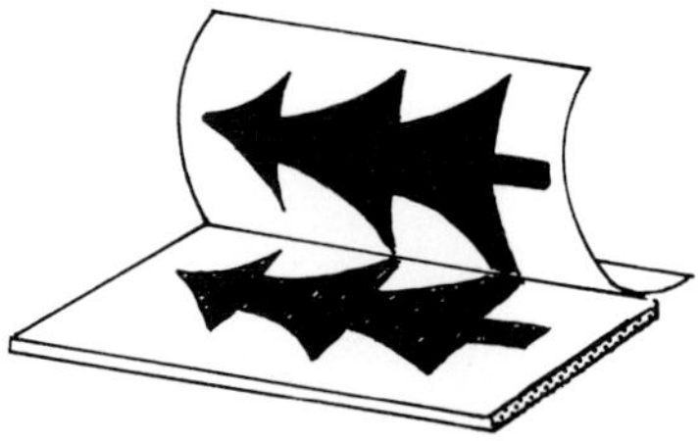

Flachdruckverfahren

Das Prinzip des Flachdrucks beruht darauf, daß *Fett und Wasser einander abstoßen.* Wird demnach auf der Oberfläche eines Lithographiesteines oder einer gekörnten Metallplatte mit einem fetten Stoff (Kreide oder Tusche) eine Zeichnung ausgeführt, so werden diese fetten Stellen die aufgetragene Druckfarbe annehmen, die übrigen Stellen der Druckplatte werden von Farbe randscharf frei bleiben, wenn vor Feuchtung und Einfärbung eine chemische Präparation erfolgte. Somit können der druckende wie der nichtdruckende Teil *in einer Ebene* verbleiben: daher Flachdruck.
Schon um die Jahrhundertwende druckte man in Amerika direkt von Metallplatten, die über Zylinder gespannt waren. Doch erst durch die Zwischenschaltung eines Gummituches – deshalb „off-set" = „ab-setzen" – wurden gute Ergebnisse erreicht und so der indirekte Druck geschaffen.

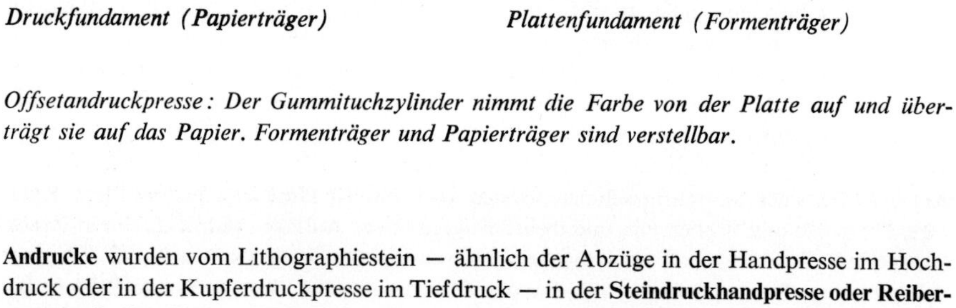

Offsetandruckpresse: Der Gummituchzylinder nimmt die Farbe von der Platte auf und überträgt sie auf das Papier. Formenträger und Papierträger sind verstellbar.

Andrucke wurden vom Lithographiestein – ähnlich der Abzüge in der Handpresse im Hochdruck oder in der Kupferdruckpresse im Tiefdruck – in der **Steindruckhandpresse oder Reiberpresse** gefertigt. Heute allerdings werden Andrucke (Probedrucke) von Druckplatten in der **Offsetandruckpresse** oder zumeist direkt in der Offsetmaschine hergestellt.

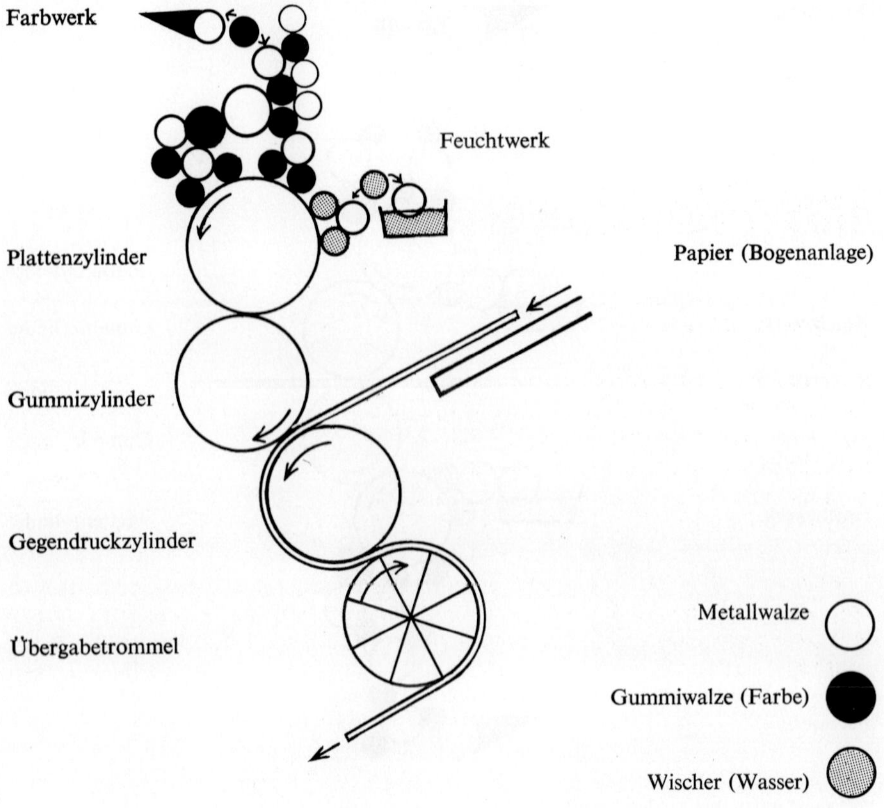

Bogenoffsetdruck: ① Plattenzylinder wird gefeuchtet ② Farbauftrag ③ Farbübergabe an den Gummizylinder ④ Druck durch Gegendruckzylinder ⑤ Übergabetrommel (kein Zylinder) übergibt den Druckbogen, beispielsweise für den nächsten Druckgang

Die Entwicklung der **Offsetmaschinen** reicht von der ersten Maschine mit drei Zylindern über **Zwei- und Vierfarbenmaschinen** bis zu von Mehrfarben- auf Schön- und Widerdruck umstellbare Bogenmaschinen sowie elektronisch gesteuerten **Rollenoffsetmaschinen**. Diese Entwicklung sowie die in den letzten Jahrzehnten verbesserte Technologie auf dem Platten-, Papier- und Farbensektor ermöglichten die Herstellung von Mehrfarbendrucken, wobei die einzelnen Druckgänge unmittelbar aufeinanderfolgen, also in einem Arbeitsgang. Schließlich hat der Photosatz vor allem durch seine Qualität dem Offsetdruck den Weg zum vermehrten Werkdruck geöffnet und damit das Arbeitsgebiet erweitert.

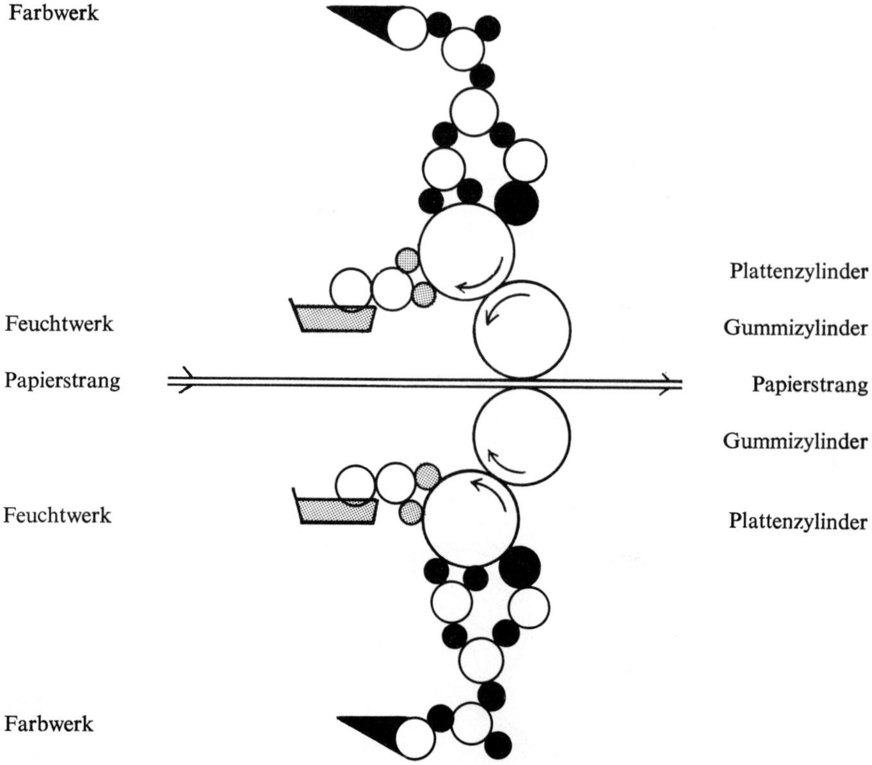

Rollenoffsetmaschine (man vergleiche mit der Bogenoffsetmaschine: Feuchtwerk, Farbwerk, Plattenzylinder, Gummizylinder). Anders: Papierstrang, Gummizylinder übernimmt auch die Funktion des Gegendruckzylinders

Die Offsetplatten

Für die Herstellung der Druckform werden hauptsächlich **Einmetallplatten** verwendet. Sie sind meist aus Aluminium und in der Stärke von 0,1 bis 0,5 mm. Um eine bessere Haftung des Wassers zu ermöglichen, wird die Oberfläche der Platte mechanisch gekörnt (leicht aufgerauht). Außer diesen mikrogekörnten Platten gibt es noch Aluplatten, die eine anodisch oxydierte, in einem Säurebad elektrolytisch veränderte Oberfläche haben.
Bei den **Mehrmetallplatten** wird die unterschiedliche Anziehungskraft (Affinität) der Metalle gegenüber Farbe und Wasser genützt. So sind Kupfer und Messing besonders farbfreudig, Chrom und Stahl hingegen wasserfreudig. Deshalb werden beispielsweise **Bimetallplatten** aus Kupfer (farbführend) und Chrom (wasserführend) erzeugt. Die **Trimetallplatte** besteht aus einer Trägerplatte (vornehmlich Schwarzblech), auf welche in dünnen Schichten von $^{2}/_{1000}$ bis $^{3}/_{1000}$ mm die beiden Metalle Kupfer und Chrom galvanisch aufgebracht wurden.

Die Arten der Kopie

Man unterscheidet zwischen dem Negativ- und Positivkopierverfahren. Nach dem Kopieren befindet sich immer ein seitenrichtiges Druckbild auf der Platte. Somit müssen die Filme seitenverkehrt sein.
Früher erfolgte die Übertragung des Druckbildes manuell unter Zuhilfenahme des Umdruckes. Die Einführung des Offsetdruckes (um 1904) und die Entdeckung von Bichromaten, die, setzt man sie einer Gummiarabikumlösung zu, eine lichtempfindliche Kopierschichte ergeben, bewirkten die photomechanische Arbeitsweise. Bei den vorbeschichteten Platten wird die Lichtempfindlichkeit durch Diazoverbindungen erreicht.

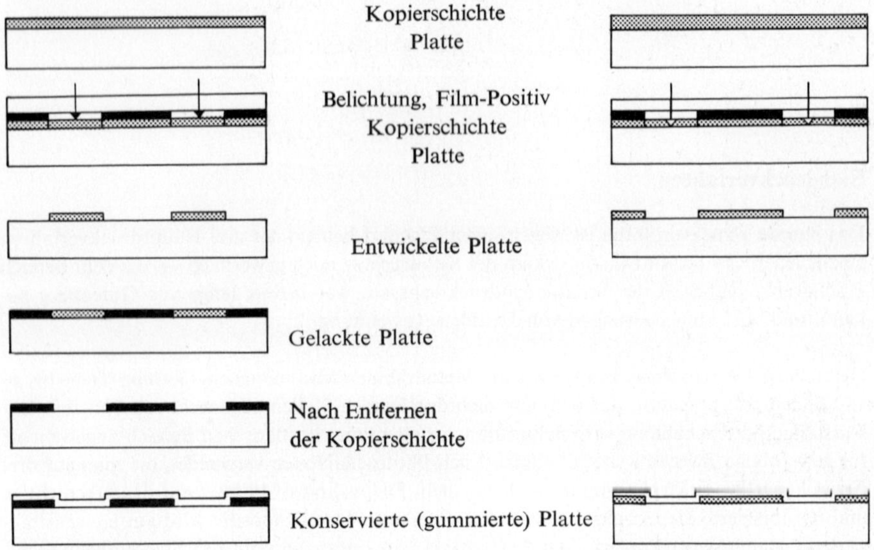

Positivkopie auf Metall-Einschichten-Platte

Positivkopie auf vorbeschichteter Platte

Blechdruckverfahren

Der Blechdruck ist als Vorläufer des Offsetdrucks zu betrachten. Denn schon vor diesem wurden Bleche indirekt bedruckt. Die Druckfarbe wird von der Druckplatte auf ein Gummituch und von diesem auf die Blechtafel übertragen.
Vor dem Bedrucken wird das Blech gereinigt, gegen Rost geschützt und erhält eine Lackgrundierung. Gedruckt wird mit Spezialfarben, knapper Druckspannung und geringer Feuchtung. Aus der Druckmaschine laufen die bedruckten Blechtafeln direkt in den Trockenofen. Die Weiterverarbeitung der bedruckten Bleche besteht aus Schneiden, Stanzen, Löten und Schweißen.

VII

Siebdruck-verfahren
Schablone
Druckprinzip

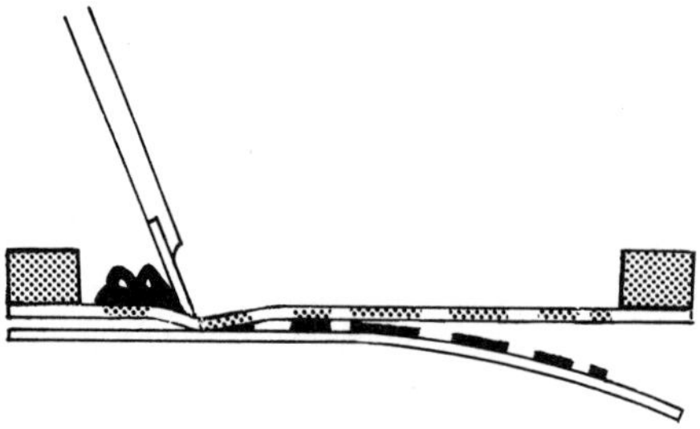

Siebdruckverfahren

Das jüngste Druckverfahren ist wegen seiner Eigenart keinem der drei Hauptdruckverfahren einzugliedern. In der Entwicklung kam der Siebdruck – auch gewerblich – aus dem Bereich Flachdruck. Dabei ist der Schablonendruck sehr alt, war bereits lange vor Gutenberg bekannt und fand zum Bedrucken von Textilien Anwendung.

Herstellung der Schablone. Ein Holz- oder Metallrahmen wird mit einem Gewebe (Gaze bis zu 180 Fäden/cm) bespannt, auf dem alle nichtdruckenden Stellen abgedeckt sein müssen. Zur Herstellung der Schablone wird Schnittfilm vor allem im künstlerischen Bereich angewendet; für gewerbliche Zwecke werden hauptsächlich Photoschablonen verwendet, die man auf drei Arten herstellt. ① *Direkte Methode:* Von einem Diapositiv wird direkt auf das beschichtete und sensibilisierte Sieb kopiert. ② *Indirekte Methode:* Das Diapositiv wird auf ein sensibilisiertes Pigmentpapier kopiert, und dieses nach dem Entwickeln auf das Sieb aufgequetscht. ③ *Direkt-indirekte Methode:* Ein nicht sensibilisierter Film wird mittels einer Photoemulsion auf das Sieb gequetscht; anschließend kopiert man das Diapositiv auf das Sieb. – An jeden Kopiervorgang schließt die entsprechende Entwicklung und Fixierung an.

Die Entwicklung des Siebdrucks vollzieht sich wie bei den anderen Druckverfahren in drei Stufen: ① *Handdruck*, ② Druck zunächst mit *halbautomatischem* Gerät – einer Andruckpresse funktionsähnlich – und mit *vollautomatischer* Siebdruckmaschine. Schließlich ③ *Endlosdruck* von der Rolle in mehreren Farben hintereinander, mit entsprechender Trocknung.

Das Druckprinzip ist relativ einfach. Die fertige Schablone wird auf das Druckgut gelegt und die Farbe mit leichtem Druck über die Siebform gerakelt. Durch die in der Schablone freien Stellen gelangt die Farbe auf das Druckgut. Mit Hilfe dieser Technik können die verschiedenartigsten Formen (Gegenstände) und Materialien, wie Papier, Kunststoffe, Glas, Porzellan, Holz, Metalle sowie Printplatten (Programme), bedruckt werden. Für jedes Material wird spezielle Farbe benötigt.

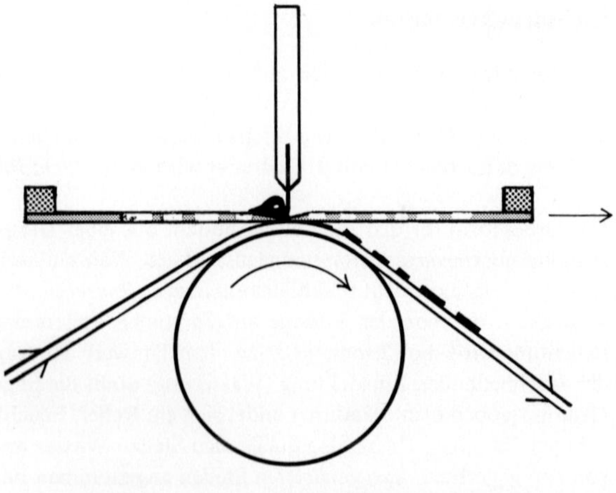

Endlosdruck: vor Erreichen des Siebrandes wird die Rakel angehoben und — für den Rücklauf — hinter der Farbe wieder gesenkt

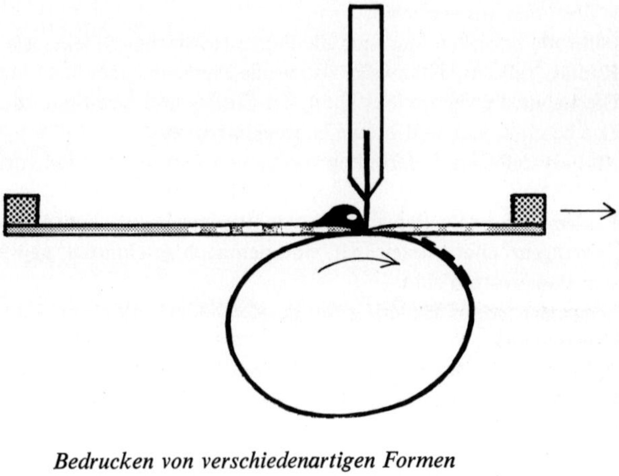

Bedrucken von verschiedenartigen Formen

VII Lichtdruckverfahren

Lichtdruckverfahren
Herstellung von Papier

Das Lichtdruckverfahren geht auf den Münchner Josef Albert zurück, der schon im Jahre 1868 Lichtdrucke herstellte. Das Verfahren ermöglicht ein- und mehrfarbige Reproduktionen vor allem von Originalen, wie beispielsweise Zeichnungen (Bleistift, Kreide) und Werke der Malerei, in höchster Qualität. Gedruckt wird in der *Lichtdruckmaschine.*

Die Druckform für den Lichtdruck besteht aus einer *Glasplatte*, auf welche nach einer Vorgrundierung *Chromatgelatine* aufgegossen wird. Während des anschließenden Trockenprozesses reißt die Gelatineschicht und bildet ein feines „*Runzelkorn*". Auf diese Schichte wird ein Halbtonnegativ, das von der Vorlage aufgenommen und retuschiert wurde, kopiert. Durch die Belichtung wird die Chromatgelatine, dem Tonwert des Negativs entsprechend, gehärtet. Bei der anschließenden Entwicklung (Wässerung) quillt die ungegerbte Gelatine auf, die gegerbte Gelatine jedoch nicht. Dadurch bildet sich ein Relief. Feuchtet man nun die Druckform, dann nehmen die ungegerbten, also quellenden Stellen Wasser an und stoßen die Farbe ab, die nur von den gegerbten, also gehärteten Stellen angenommen und auf das Papier übergeben wird. Die Druckform ist äußerst empfindlich und ermöglicht nur den Druck kleiner Auflagen.

Die Herstellung von Papier

Die Papierherstellung vollzieht sich — sieht man von dem geringen Aufkommen an Büttenpapier ab — vornehmlich in der Langsiebmaschine. Zur Erzeugung werden Rohstoffe benötigt, wie Faserstoffe, Füllstoffe, Leime und Farbstoffe.

Faserstoffe: Die besten Stoffe sind Hadern (Textilfasern); sie werden jedoch nur für Spezialpapiere verwendet. Hauptsächliches Fasernmaterial ist Holz, als Holzschliff oder Zellstoff zu Halbstoffen aufgearbeitet.
Füllstoffe bewirken, daß sich die Papieroberfläche schließt. Als Material verwendet man etwa Kaolin, Talkum, Titanweiß, also weiße Pigmente, aber auch farbige Erden.
Die Leime dienen zur Festigung des Stoffes und bewirken, daß das Papier wenig saugfähig, also beschreibbar und besser bedruckbar wird.
Als Farbstoffe zur Anfertigung von bunten Papieren werden vornehmlich Pigmente verwendet.

Papiersorten. Alle Papiere, die von Papierfabriken zur Auslieferung gelangen, werden als „durchgearbeitet" bezeichnet, sind demnach geschnitten, geprüft und verpackt. Die wichtigsten Papiersorten sind:
Feinpapier ist aus Hadern gefertigt oder hadernhaltig und gilt als beste Qualität (z. B. Banknotenpapier).
Zellstoffpapier, das sogenannte holzfreie Papier, ergibt die Kanzlei- und Schreibpapiersorten.
Mittelfeines Papier, als C-Stoff bezeichnet, hat Zellstoffanteil und dient vornehmlich als Druckpapier.
Holzhaltiges Papier, der G-Stoff, ist eine minder beschreibbare Papiersorte.

Maschinenglattes Papier wird jene Qualität benannt, deren Oberfläche nach Verlassen der Papiermaschine bearbeitet wurde.
Satiniertes Papier. Die Bezeichnung sagt, daß die Oberfläche im Kalander geglättet wurde.
Gestrichenes Papier besteht aus dem Rohpapier, auf das in der Streichmaschine eine Streichmasse aus Federweiß oder Blanc line, Kasein, synthetische Leime oder Tierleime usw. aufgetragen wird. Die geschlossene Oberfläche bietet sodann gute Farbaufnahme und beste Bildwiedergabe. – Einseitiger Strich ergibt Chromopapier, beidseitiger Strich Kunstdruckpapier; farbige gestrichene Papiere bezeichnet man als Buntpapiere.

Die Langsiebmaschine
Aus der Stoffaufbereitung entsteht Fasermilch, Ganzstoff + Wasser im Verhältnis von 1:99. Die Verarbeitung des Stoffes in der Papiermaschine erfolgt durch Siebpartie, Naßpartie und Trockenpartie.

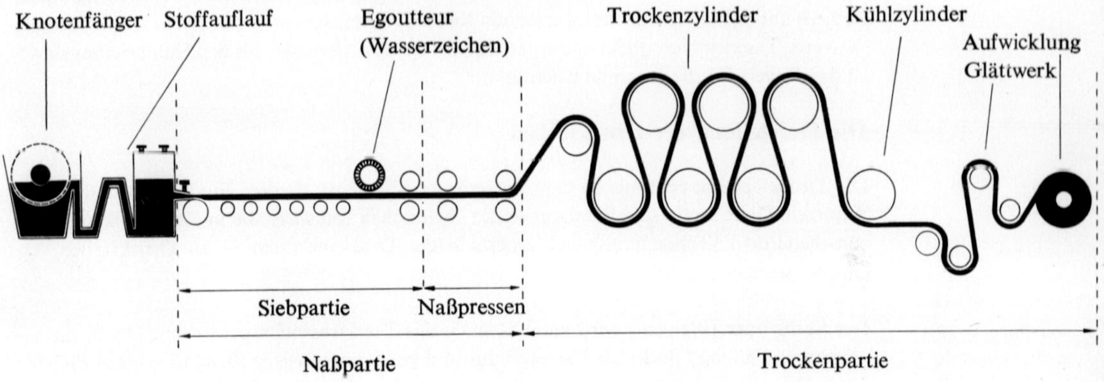

Einteilung des Papiers nach der *Grammatur*	18–150 g/m² Normalpapier
	150–200 g/m² Halbkarton
	200–300 g/m² Vollkarton
	300–600 g/m² Geklebter Karton

Einige Sortenbegriffe: Luftpostpapier, Dünndruckpapier, Zeitungspapier (in Rolle), Hartpostpapier; Postkartenkarton, Opalkarton, Registerkarton, Bristolkarton, Kunstdruckkarton und Spezialkarton.
Pappe dient als Werkstoff für die Buchfertigung und zur Verarbeitung von Verpackungsmitteln. Das Gewicht von Pappe wird in Stückzahl pro 50 kg angegeben. Pappesorten sind: Graupappe, Braunpappe, Holzpappe, Preßspan und Wellpappe. – Bedruckt wird Pappe vornehmlich im Siebdruck- oder im Flachdruckverfahren.

Die DIN-Formate (DIN = Deutsche Industrie-Norm)

Klasse	Benennung	Reihe A	Reihe B	Reihe C
0	Vierfachbogen	841:1189	1000:1414	917:1297
1	Doppelbogen	594: 841	707:1000	648: 917
2	Bogen	420: 594	500: 707	458: 648
3	Halbbogen	297: 420	353: 500	324: 458
4	Viertelbogen	210: 297	250: 353	229: 324
5	Blatt	148: 210	176: 250	162: 229
6	Halbblatt	105: 148	125: 176	114: 162
7	Viertelblatt	74: 105	88: 125	81: 114
8	Achtelblatt	52: 74	62: 88	57: 81

Die Reihe A wird als Vorzugsreihe bezeichnet, die Reihen B und C sind Zusatzreihen und bilden die Zwischenstufen zu A. Die Reihe A kennzeichnet fertige, beschnittene Papierformate, die Reihe B unbeschnittene Papierformate, die Reihe C wird fast ausschließlich für Hüllenformate (Kuverts, Taschen) verwendet und ergänzt so die Reihe A (Beispiel: für den Halbbriefbogen A 5 ist das Kuvert C 5 die passende Briefhülle).

Die Herstellung der Druckfarben

Die Druckfarbe besteht aus ① dem Farbkörper (Pigment), ② dem Bindemittel und ③ den Zusätzen. Diese Stoffe sind Erzeugnisse der chemischen Industrie, die in Farbfabriken – entsprechend dem Verwendungszweck innerhalb der Druckverfahren – zu Druckfarben verarbeitet werden.

Der Farbkörper (Pigment) wird hauptsächlich aus Teerfarbstoffen gewonnen. Durch die sogenannte „Fällung" flockt der Farbstoff aus und geht vom flüssigen Zustand in einen breiigen über. Die „Verlackung" bewirkt, daß aus dem wasserlöslichen Farbstoff wasserunlösliche Farbpigmente werden. Sie dienen, nach Reinigung, in pulverförmigen Zustand als Grundstoffe für die Druckfarbenerzeugung.
Das Bindemittel bindet die Pigmente zur „Farbpaste", ergibt aber auch die Bindung der Farbe an das Druckgut. Je nach dem Verwendungszweck dienen als Bindemittel Leinölfirnisse, Natur- oder Kunstharzfirnisse.
Die Zusätze – beispielsweise Trockenstoffe, Glanzlacke, Verdünner – geben der Druckfarbe die Besonderheiten und kennzeichnen ihren Verwendungszweck.

Hochdruckfarbe wird nach ihrem Verwendungszweck in mehreren Sorten erzeugt, so als Illustrationsfarbe, Werkdruckfarbe, Zeitungsfarbe oder Doppeltonfarbe.
Tiefdruckfarbe ist dünnflüssig und schnelltrocknend, die Lösungsmittel stammen weitgehend aus der Benzolreihe.
Flachdruckfarbe ist, verglichen mit den Hochdruckfarben, höher konzentriert, hat also mehr Pigmentanteile.
Siebdruckfarbe hat besonders hohe Pigmentanteile, ist daher stark deckend und besitzt große Lichtbeständigkeit.

VIII Der Bucheinband

Die äußere Ausstattung des Buches soll im Einklang mit Inhalt und Zweck des Werkes stehen. Sie reicht von der einfachen Broschüre bis zum kunstvoll gestalteten Lederband.

Gebrauchsbuch	Broschüre	Prachtbuch	Halblederband
	Kartonierter Einband		Ganzlederband
	Halbleinenband		Halbfranzband
	Ganzleinenband		Ganzfranzband
	Plastikeinband		Halbpergamentband
			Ganzpergamentband

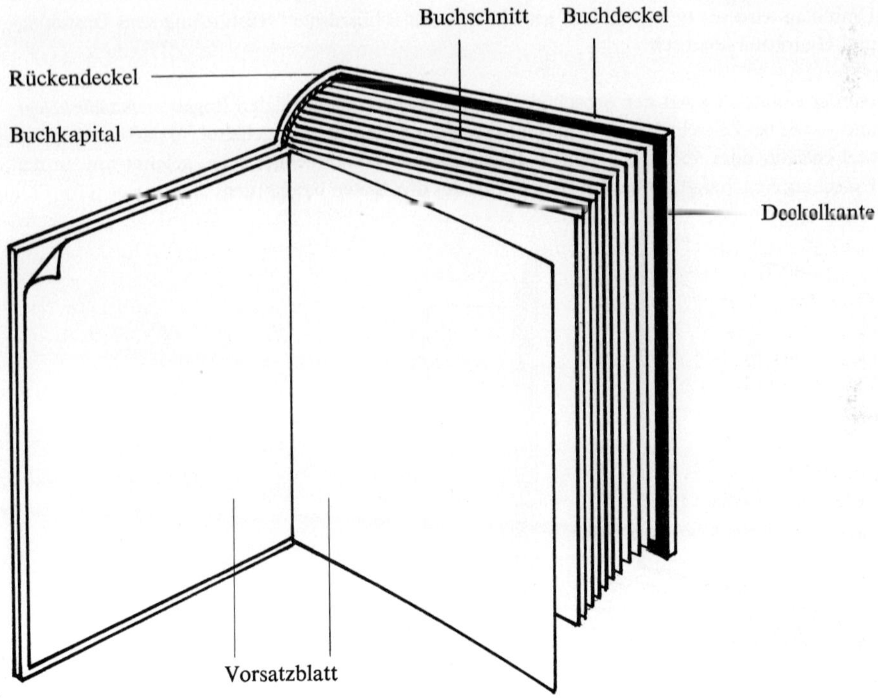

VIII

Broschüre
Gebundenes Buch

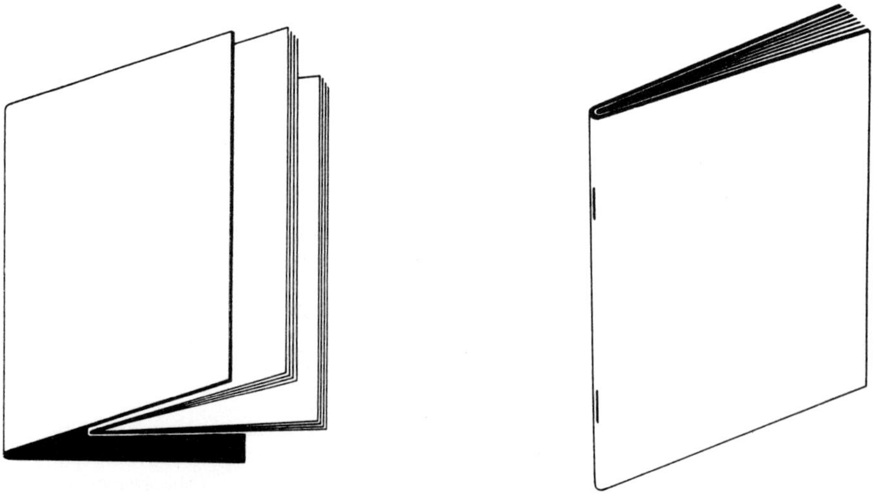

Broschüre: Umschlag und Bogen werden ineinandergelegt geheftet

Als Broschüre werden Werke von verschiedenem Umfang hergestellt. Das Material, das man für den Umschlag verwendet, ist Papier oder Karton (häufig getönt oder buntfarbig). Der Umschlag wird oft typographisch gestaltet; in der schlichtesten Ausführung sind Umschlag- und Haupttitel identisch.

Bei der einfachsten Art der Broschürenbindung werden die gefalzten Bogen *ineinandergelegt*, und — wie bei Zeitschriften — samt Umschlag durch den Rücken geheftet, so daß der Rückentitel entfällt, oder aber die gefalzten Bogen werden zusammengetragen, geleimt und in den Umschlag eingehängt. In beiden Fällen wird auf drei Seiten beschnitten.

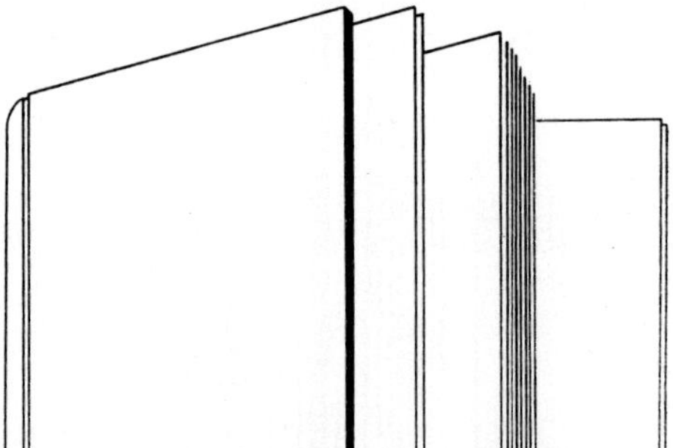

Gebundenes Buch
Einband, Vorsatz, Buchkern

VIII

Kartonierter Einband Klebebindung

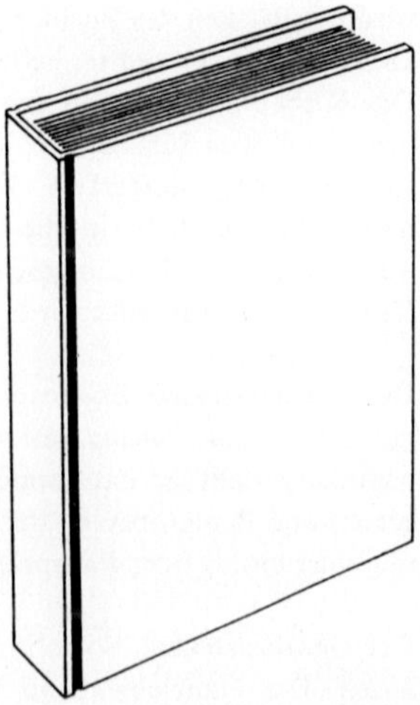

Der kartonierte Einband. Er wird auch als Interimseinband für Luxusausgaben verwendet (späteres Umbinden). Das Buch wird für diesen Zweck mit einem doppelten Vorsatz versehen, auf Bänder geheftet, nicht geleimt und unbeschnitten in eine mit Papier überzogene Decke eingehängt. Der Rücken bleibt gerade, das Buch hat auf drei Seiten — weil die Bogen unbeschnitten bleiben — keine Kanten.

Das Klebebindeverfahren. Durch das Verfahren der fadenlosen Bindung (Klebebindeverfahren, Lumbeckverfahren) hat die Buchfertigung eine bedeutende Ausweitung erfahren, besonders auf dem Gebiete des inhaltlich wertvollen und doch billigen Kleinbuches. Beim Klebebinden

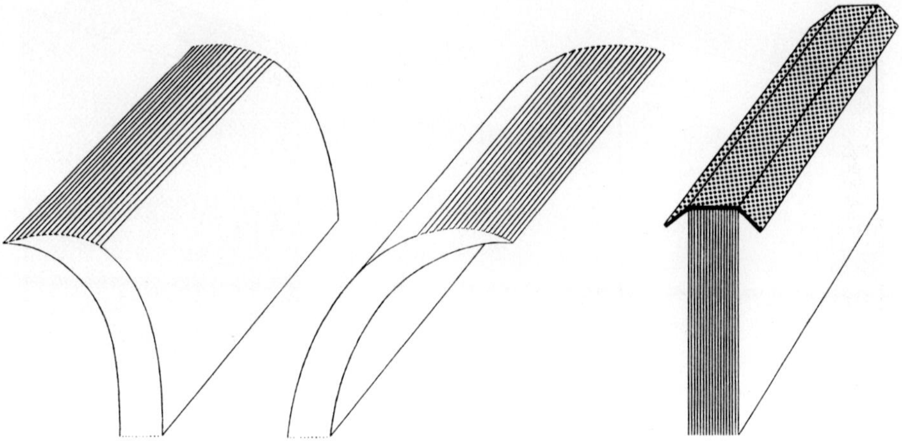

Fertigungsstraße
Halbleinenband
Ganzleinenband

wird der Rücken des Buchkerns *beschnitten*, nach beiden Seiten *aufgefächert*, mit Kunstharzkleber bestrichen und schließlich in den Umschlag eingehängt.
Das Klebebindeverfahren ermöglichte die Fließfertigung **(Fertigungsstraßen),** bestehend aus den Maschinen für Falzen, Klebebinden, Schneiden, Runden und Einhängen. Der Bucheinband wird gesondert in der Deckenmachmaschine, anschließend in der Prägemaschine hergestellt und fließt in die Einhängemaschine ein. Dem Herstellungsvorgang kann eine Verpackungsmaschine angeschlossen werden, in der das fertige Buch in Papier oder in eine Kunststoffolie verpackt wird.

Der Halbleinenband. Er entspricht in seiner Ausführung allen Anforderungen, die an einen guten *Gebrauchseinband* gestellt werden. Der Halbleinenband wird meistens als Deckenband hergestellt. Er hat doppelten Vorsatz, Kopffarbschnitt, Leinenrücken (oft auch Leinenecken) und Papierüberzug der Decken. Das Überzugspapier kann bedruckt, der Buchrücken mit einer Gold- oder Farbprägung versehen werden.

Der Ganzleinenband. Sowohl der Buchrücken wie auch der Buchdeckel sind mit Leinen bezogen. Der Ganzleinenband ist der ideale, haltbare Gebrauchseinband. Die Gestaltungen werden meist mittels *Prägungen* durchgeführt. Schriften, Stanzen und Klischees, die für solche Prägungen benötigt werden, schneidet der Graveur nach Entwürfen oder Satzabzügen in Stahl oder Messing, mitunter werden sie auch in stärkeres Zink geätzt (3-mm-Tiefätzung). Der Buchbinder preßt die Prägeform ohne Farbe (Blindprägung), mit Farbe oder nach Auflegen einer Folie (Farbe, Gold, Silber) warm in den Bucheinband. Mitunter werden vom Buchbinder auch Messingtypen (Schrifthöhe 6,5 mm) für Prägungen verwendet.

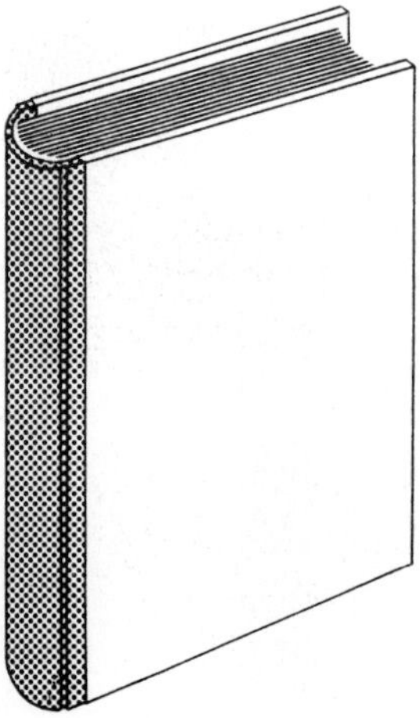

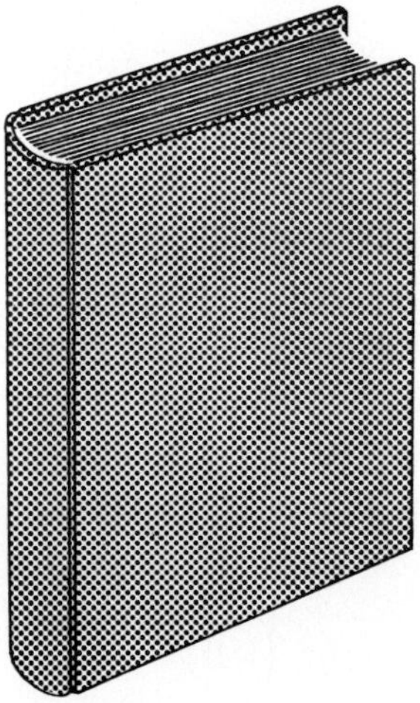

Der Plastikeinband. Für Gebrauchsbücher wird auch Plastikmaterial verwendet, das es in den verschiedenen Qualitäten und Stärken gibt. Der Werkstoff Plastik wird unter Hitzeeinwirkung verarbeitet; Verbindungen zwischen Plastikteilen werden nicht geklebt, sondern *verschweißt* (verschmolzen), statt Rillungen werden Hitzeleisten eingepreßt. Vorsatz und Buchkern klebt man jedoch an den Plastikeinband. Die Ausstattung des Plastikeinbandes ist jener des Ganzleinenbandes bzw. des Ganzlederbandes ähnlich (Schrift, Strichzeichnungen) und erfolgt ebenso durch Bedrucken, Prägen, Folienprägen (oder Kombinationen).

Der Halblederband. Der Rücken, mitunter auch die Ecken sind mit billigem Leder überzogen. Der Rücken ist glatt und mit einer schlichten Vergoldung versehen. Für die Gestaltung des Buchrückens werden – wie bei Leinen- oder Plastikeinbänden – Schriften, Stanzen und Klischees benötigt. Meistens wird das Werk mit Kopffarbschnitt ausgestattet.

Der Ganzlederband. Buchdeckel und Buchrücken sind ganz mit Leder überzogen. Die Ausstattungsmöglichkeiten sind denen des Ganzleinenbandes ähnlich (Prägungen). Der Band enthält einen Kopffarbschnitt oder einen Kopfgoldschnitt.

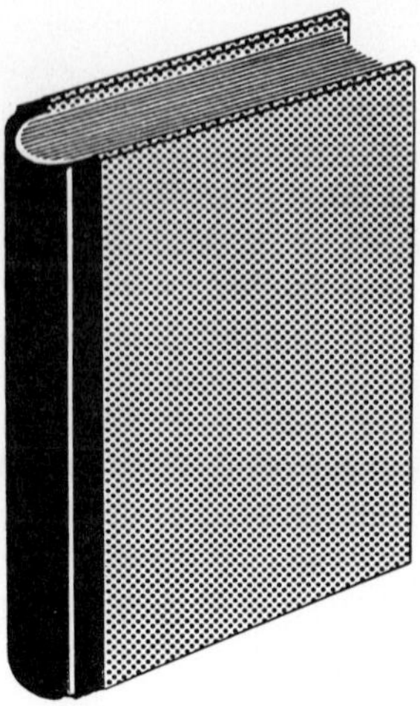

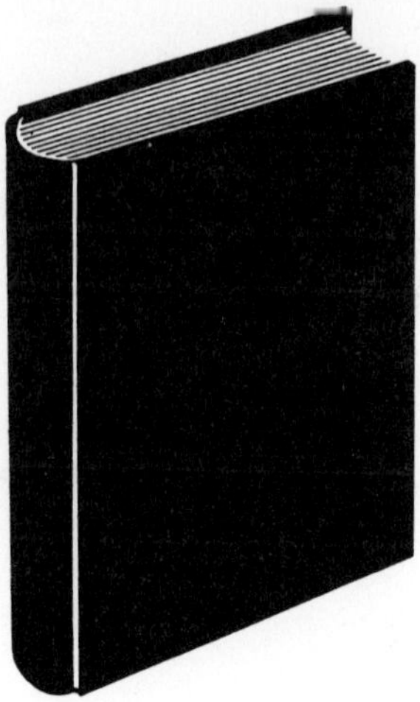

VIII

Halb- oder Ganzfranzband
Halb- oder Ganzpergamentband

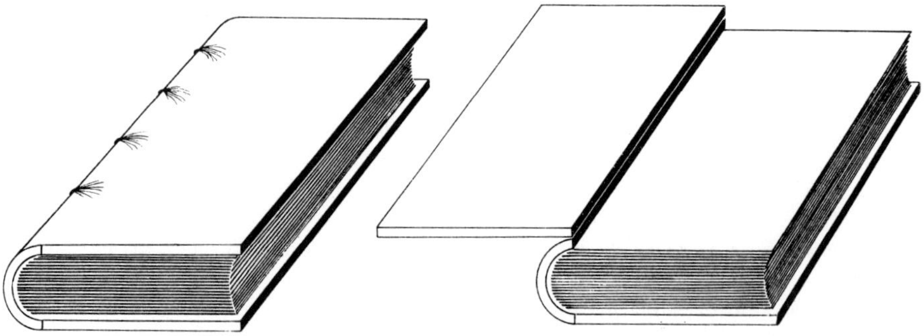

Der Halb- oder Ganzfranzband. Der schönste und handwerklich gediegenste Einband ist der Franzband (abgeleitet von der Bezeichnung „Französischer Einband"). Er wird entweder als Halbfranzband mit Lederrücken und -ecken oder als Ganzfranzband, ganz in Leder gebunden, hergestellt. Die wesentlichen Merkmale des Franzbandes sind die *besondere Bindeart* und die Deckelverbindung (auf tiefen Falz angesetzt), weiters die Anwendung der verschiedensten *Techniken des Schmückens*, wie Hand- und Preßvergoldung, Blinddruck, Lederintarsia, Lederschnitt, Ledertreibarbeit und Lederplastik. Der Halb- und der Ganzfranzband sind einbandtechnisch gleichwertig; der Halbfranzband erhält meist einen Kopfgoldschnitt, der Ganzfranzband einen Dreiseitengoldschnitt, eventuell ziseliert und bemalt.

Der Halb- oder Ganzpergamentband. Neben Leder ist Pergament wohl das edelste und das gleichzeitig widerstandsfähigste Material, dessen reizvolle Struktur für schöne Einbände besonders geeignet ist. Als materialgerechte Verzierung ist die Beschriftung mit Tuschen und Farben bzw. Farb-, Gold- oder Silberprägung zu wählen.

Der Buchrücken

Im allgemeinen fügt sich die Gestaltung des Buchrückens in die *Gesamtausstattung* des Werkes. Wenn es Wortlaut und Gestaltung zulassen, wird der Rückentitel waagrecht angeordnet. Für die gestürzte Anordnung gilt die Regel, daß der Text von unten nach oben läuft. Bei großformatigen Mappenwerken, die liegend aufbewahrt werden, ist die Leserichtung des Textes auf dem Buchrücken umzukehren.

Kurze Texte werden meist waagrecht angeordnet. Sonst Text gestürzt, von unten nach oben lesbar

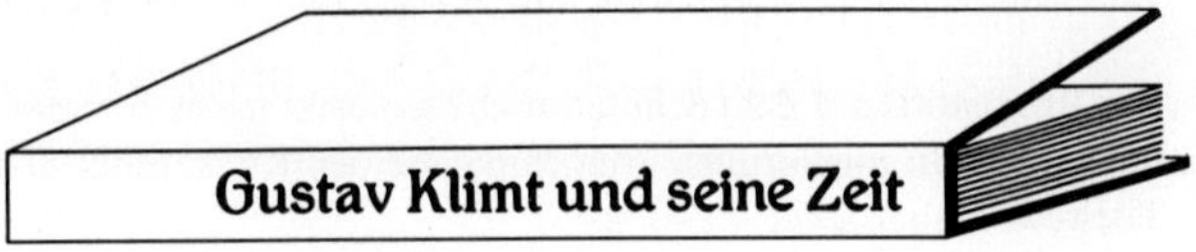

Bei Mappenwerken (liegende Aufbewahrung) wird der Text von oben nach unten angeordnet

VIII

Schutzumschlag

Der Schutzumschlag

hat im wesentlichen kaum noch die Funktion, den Einband zu schützen, sondern übernimmt immer mehr die Aufgabe, für das Buch zu *werben.* Er wirkt im Schaufenster des Buchhändlers als wichtiger Blickfänger (wie ein Kleinplakat).
An dem Schutzumschlag unterscheidet man Schauseite (Titelseite), Rückseite, Rückentitel und die beiden Einschläge oder Laschen.

Die Schauseite ist oft zur Gänze graphisch gestaltet (selten typographisch). Die anderen Teile des Schutzumschlages sind meist typographisch auszuführen.

Die Rückseite des Schutzumschlages wird häufig für eine Biographie des Autors oder für Verlagswerbung genützt. Typographisch wird die Rückseite ähnlich wie der Text auf den Einschlägen des Schutzumschlages oder wie ein Buchinserat gestaltet.

Der Rückentitel auf dem Schutzumschlag gleicht meist dem des Einbandes und wird nach denselben Regeln angeordnet. Manchmal ist der Rückentitel in die graphische Gestaltung der Titelseite einbezogen.

Die Einschläge des Schutzumschlages dienen zumeist der Schilderung des Buchinhaltes. Die Texte sollen kurz informieren und finden auch als Grundlage für Buchbesprechungen (Waschzettel) Verwendung. Die Typographie ist im Stile eines Buchinserates.

VIII

Buchbinde
Vorsatz
Buchschnitt

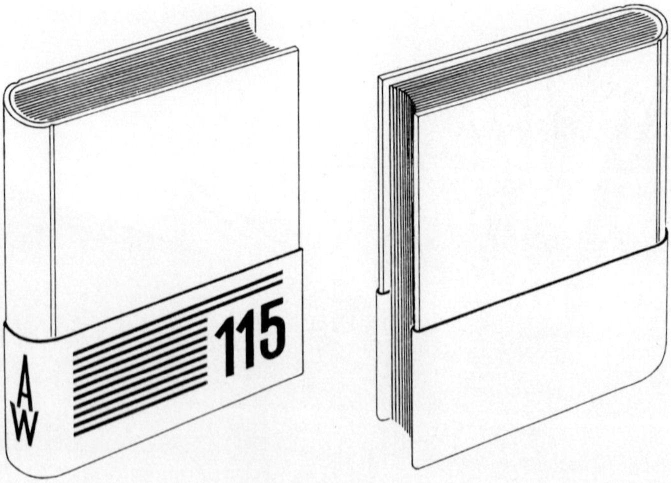

Die Buchbinde

ist eine meist farbige Papierschleife, die etwa ein Drittel bis eine Hälfte der Höhe des Buches einnimmt. Sie dient der *Werbung*. Der Text der Buchbinde ist eine kurze Inhaltsangabe des Werkes. Gesetzt wird aus einem mittleren oder großen Schriftgrad, so daß die Buchbinde, ihrem Werbezweck entsprechend, auch noch aus größerer Entfernung – im Schaufenster des Buchhändlers – gelesen werden kann.

Der Vorsatz

verbindet Einband und Buchkern. Farbe und Qualität des Vorsatzblattes können in Beziehung zum Inhalt des Werkes gebracht werden. So könnte das Buch über das Leben in einem Kohlenabbaugebiet ein schwarzes, gehämmertes, mattglänzendes Vorsatzpapier haben; ein Kunstgewerbebuch hingegen ein mit Ornamenten bedrucktes Vorsatzpapier; schließlich darf dieses Buch auf das Beispiel des eigenen Vorsatzes verweisen.

Der Buchschnitt

dient nicht nur als Schmuck des Buches, sondern er soll die Schnittflächen auch vor dem Verstauben und Vergilben schützen. Für Luxuseinbände wird häufig ein Goldschnitt angefertigt. Die moderne Buchgestaltung verzichtet auf eine Überbetonung des Schnittes und wählt dafür Farben, die auf die Farbe des Bucheinbandes abgestimmt sind.

Zeitgenössischer Bucheinband, Ganzleder

IX Die Photographie

Die Anfänge der Photographie reichen bis zum Jahre 1824 zurück, N. Niepce unternahm zuerst allein, dann gemeinsam mit L. Daguerre die ersten Versuche, im photographischen Verfahren Bilder herzustellen. In der Weiterentwicklung gelangen Daguerre Bilder durch Verwendung lichtempfindlicher Silberplatten — er hatte auf diese Platten eine Jodsilberschichte aufgetragen —, die er mit Quecksilberdämpfen entwickelte. Das Verfahren von Daguerre, die „*Daguerrotypie*" (seit 1837), gilt als eigentlicher Anfang der Photographie.

Einer der ältesten Photoapparate

Photographie beruht auf der Lichtempfindlichkeit der Halogensilbersalze. Zur Bildgestaltung sind drei Prozesse notwendig: ① Aufnahme (optische Bildentstehung), ② Negativprozeß (chemische Bildentstehung), ③ Positivprozeß (Wiedergabe).

Aufnahme: Licht fällt auf das Motiv, wird reflektiert und durch das Objektiv der Kamera auf die Bildebene, die photographische Schichte projiziert.

Negativprozeß: Das belichtete Halogensilber wird im Entwickler (Reduktionsmittel) in Silber und Brom gespalten, wodurch das Negativ entsteht; dieses zeigt Schwärzungsabstufungen. Das unbelichtete, überschüssige Halogensilber wird mit Fixiernatron herausgelöst (fixiert), wodurch das Negativ haltbar geworden ist.

Positivprozeß: Dieser besteht aus der Übertragung des Filmnegativs auf lichtempfindliches Photomaterial (für Aufsichtsbilder oder für Diapositive), entweder als Kontakt (Originalbildgröße) oder durch Vergrößerung im Vergrößerungsapparat.

In jüngster Zeit hat die Photographie die traditionellen Grenzen überschritten und die Arbeitsbereiche auf die Gebiete der Werbung, Industrie, Mode, Wissenschaft, Forschung, Medizin, Unterricht, Kunst und anderes erweitert. Die Photographie — in Schwarzweiß wie in Farbe — ist somit auch eine wesentliche Basis für die hochentwickelten Reproduktionstechniken geworden.

IX Photographische Apparate

Photographische Apparate

Der moderne Photoapparat besteht im wesentlichen aus dem lichtdichten Gehäuse mit der Halterung für den Film, dem Objektiv, dem Verschluß, dem Sucher für den Bildausschnitt, dem Entfernungsmesser und dem Belichtungsmesser. Zu unterscheiden sind drei Kameratypen:

Die *Kleinbildkamera*	„Halbformat" 18×24 mm bis 24×36 mm („Kleinbild")
Die *Mittelformatkamera*	Formate 4×4 cm bis 6×9 cm
Die *Großformatkamera*	Platten und Planfilm in den Formaten 9×12 cm bis 18×24 cm

Weiters gibt es zahlreiche Spezialkameras wie die Polaroid-Kamera, die in etwa 10 Sekunden ein fertiges Schwarzweißbild oder in etwa einer Minute ein fertiges Farbbild liefert, Kleinstbildkameras (Filmformate 8×11 mm und 12×17 mm), Stereokameras (sie haben zwei Objektive nebeneinander, die im Abstand von 65 mm angeordnet sind und somit zwei Bilder erzeugen, die, betrachtet man sie mit einem Spezialgerät, räumlichen Eindruck vermitteln), Luftbildkameras, Panoramakameras und Superweitwinkelkameras. Zahlreiche Kameras sind für die Verwendung mit Elektronenblitz oder herkömmlichen Blitzlampen ausgestattet.

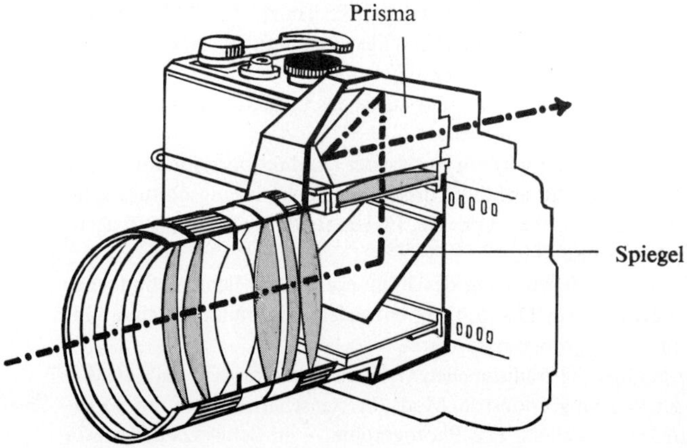

Kleinbildkamera, man beachte den Weg des Lichtes

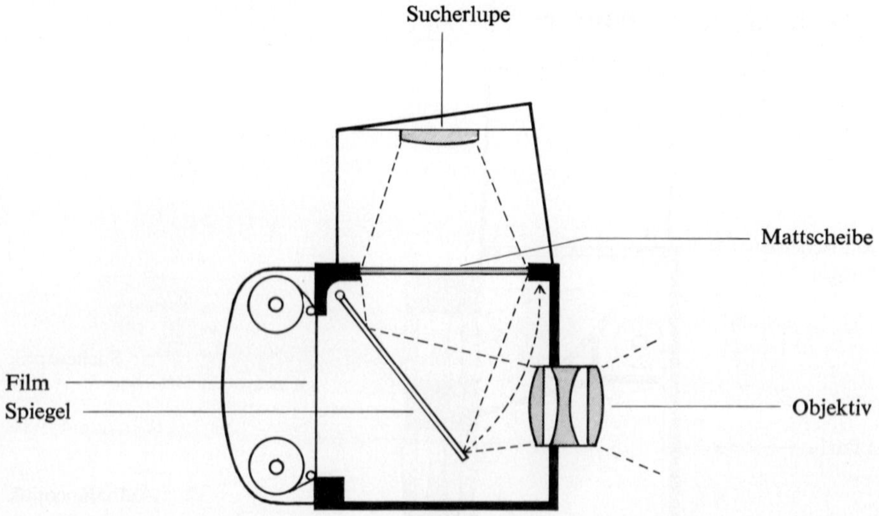

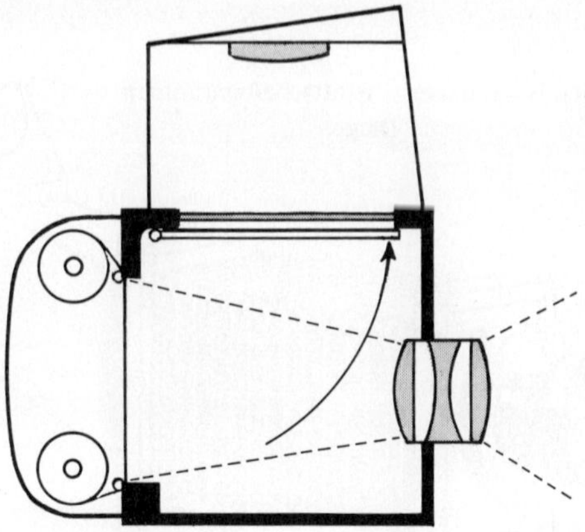

Einäugige Spiegelreflexkamera. Die erste Phase (oben) zeigt die Motivsuche, die zweite Phase (unten) die Exposition, der Spiegel ist hochgeklappt

IX

Zweiäugige Spiegelreflexkamera Großformatkamera

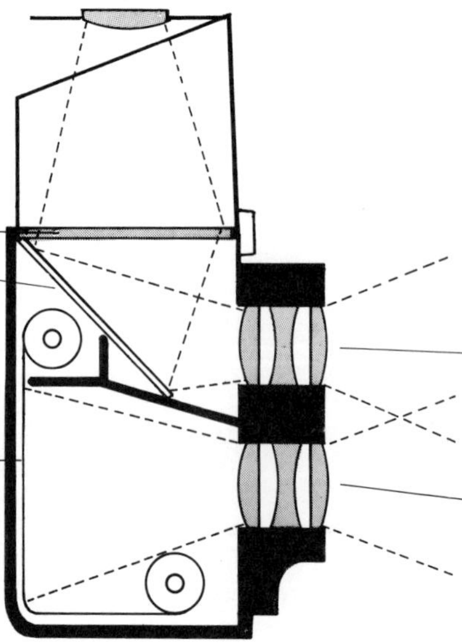

Zweiäugige Spiegelreflexkamera mit getrennter Optik. Sucheroptik oben, Aufnahmeoptik unten

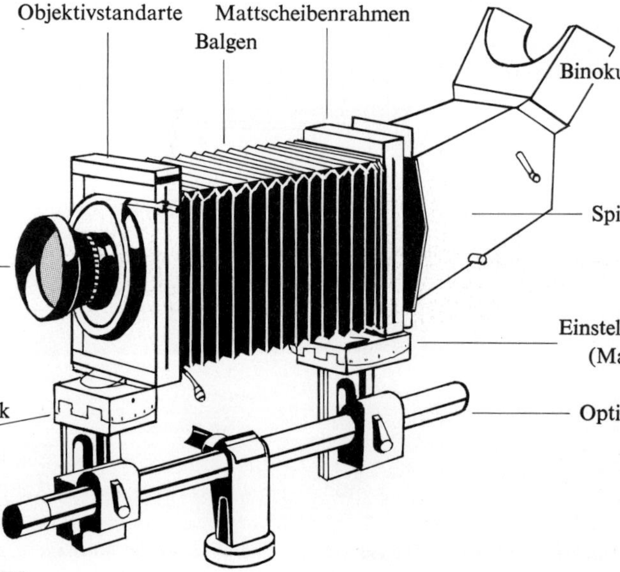

Großformatkamera

IX

Verschluß
Bildsucher
Objektiv

Zentralverschluß: Der Verschluß öffnet sich von der Mitte aus

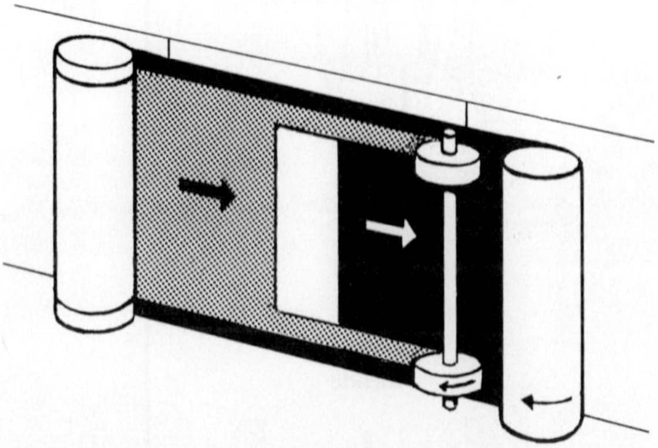

Schlitzverschluß: Der Vorhang besteht aus zwei Teilen, wodurch die Schlitzbreite zu ändern ist

Der Verschluß der Kamera ist ein Mechanismus, der die Belichtungsdauer regelt. Man unterscheidet zwischen dem *Zentralverschluß*, der meist im Objektiv eingebaut ist – er öffnet und schließt sich von der Mitte aus – und dem *Schlitzverschluß*, der unmittelbar vor dem Film vorbeiläuft.

Der Bildsucher. Nach dem System des Bildsuchers unterscheidet man zwischen Durchblicksucherkameras – zu welchen auch Großkameras mit Mattscheibeneinstellung zählen – und Spiegelreflexkameras. Diese gliedern sich in *einäugige* und *zweiäugige* Spiegelreflexkameras (Sucherobjektiv und Aufnahmeobjektiv). Das Format dieses Kameratyps ist vornehmlich im Ausmaß von 6×6 cm.

Das Objektiv

Es besteht aus einer Kombination von mehreren Linsen (drei oder auch mehr), die das Licht sammeln. Die wichtigsten Merkmale des Objektivs sind: die Brennweite, die Lichtstärke und der Bildwinkel. Man unterscheidet zwischen Objektiven, die in Kameras eingebaut sind, und *Wechselobjektiven* (Weitwinkel-, Normal- und Teleobjektiv). Mit auswechselbaren Objektiven sind solche Kameras ausgestattet, die vielseitig verwendet werden sollen.

IX

Normal-
Weitwinkel-
Teleobjektiv

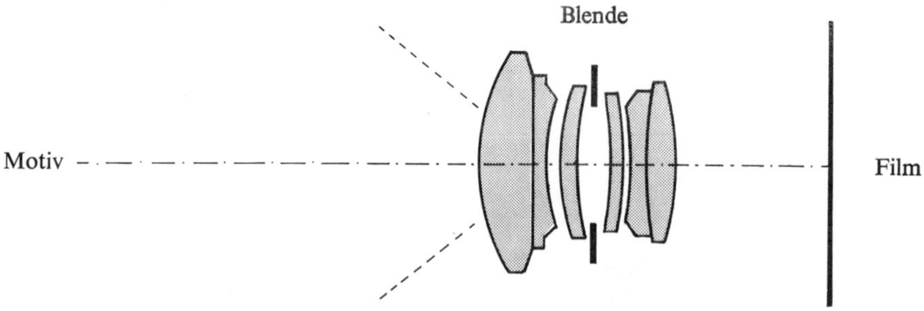

Normalobjektiv. Die Brennweite entspricht etwa der Diagonale des Negativformats. Bildwinkel 60 bis 65 Grad

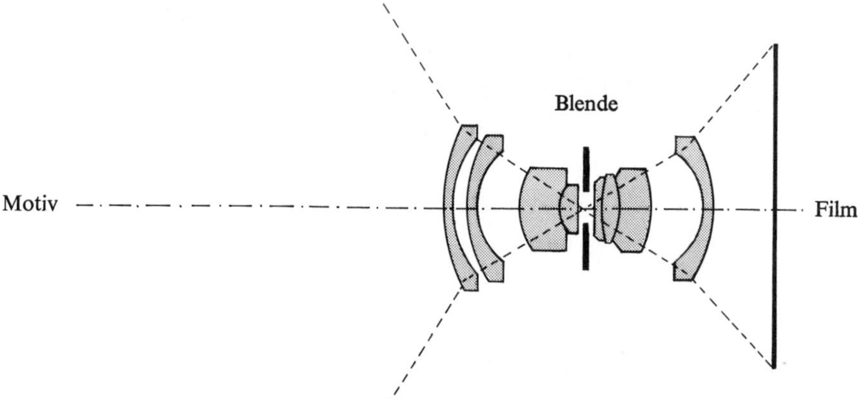

Weitwinkelobjektiv. Die Brennweite entspricht der Schmalseite des Negativformats und kürzer. Bildwinkel 100 Grad und mehr

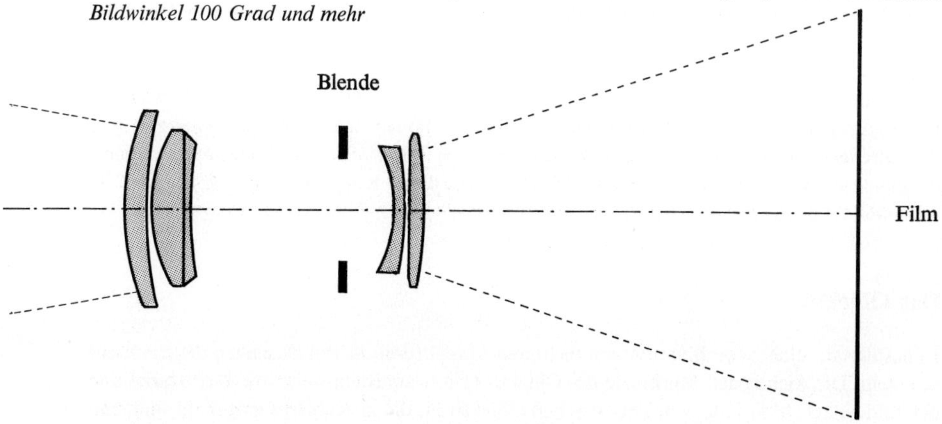

Teleobjektiv. Die Brennweite beträgt mehr als die doppelte Diagonale des Negativformats, Bildwinkel 25 Grad und weniger

IX

Brennweite
Lichtstärke
Schwarzweiß-photographie

Die Brennweite. Jedes Objektiv hat zwei optische Hauptebenen: eine gegenstandsseitige und eine bildseitige. Den Abstand von der bildseitigen Hauptebene zum Film – bei Einstellung der Kamera auf „unendlich" – nennt man Brennweite. Bei den meisten Objektivtypen sind diese Hauptebenen innerhalb der Optik, in der Nähe der Blende. Eine *Ausnahme* bilden die *Teleobjektive.* Sie haben eine sehr lange Brennweite und sind so konstruiert, daß sich die bildseitige Hauptebene weit vor der Frontlinse befindet, wodurch sich der Abstand Optik - Filmebene verkürzt und ein zu langer Kameraauszug vermieden wird. Die Brennweite wird in Millimetern angegeben und ist auf der Objektivfassung eingraviert.

Die Lichtstärke. Die sogenannte Lichtstärke – auf der Objektiveinfassung vermerkt – ist eine Meßeinheit, die das Verhältnis des Durchmessers der Objektivlinse zu ihrer Brennweite bezeichnet. Dem Prinzip der Lochkamera entsprechend, besagt dies: je weiter das Objektiv geöffnet ist, desto mehr Licht trifft die lichtempfindliche Schichte. Hat etwa ein Objektiv eine Brennweite von 50 mm und eine Öffnung von 25 mm, so ergibt dies, durch die Teilung 50:25, die Meßeinheit von 2. Dieser Zahlenwert drückt die *größte relative Öffnung* aus. Durch die im Objektiv eingebaute Blende läßt sich die größte Öffnung verkleinern – Abblenden –, wodurch eine zunehmende Schärfentiefe erreicht wird. Die Stufe des Abblendens kann durch entsprechend längere Belichtungszeit ausgeglichen werden; ein Belichtungsmesser vermittelt dazu die entsprechenden Werte. Die internationale Blendenreihe weist folgende Werte aus: 2, 2,8, 4, 5,6, 8, 11, 16 und 22.

Die Schwarzweißphotographie

In der Schwarzweißphotographie werden alle Farben auf dem Aufnahmematerial in eine feinabgestimmte Grauskala umgesetzt. Die Entstehung eines Schwarzweißbildes zeigt der Arbeitsablauf nach der Aufnahme:

① Entwickeln des Films, ② Unterbrechen, ③ Fixieren, ④ Wässern, ⑤ Trocknen. Das Ergebnis dieser Arbeiten, die in der Dunkelkammer ausgeführt werden, ist ein Negativ. Um von diesem Negativ ein Positiv – Kontakt oder Vergrößerung – anzufertigen, sind folgende Arbeitsgänge erforderlich: ① Belichten des Photomaterials, ② Entwickeln, ③ Unterbrechen, ④ Fixieren, ⑤ Wässern, ⑥ Trocknen, ⑦ Nachbehandeln (Korrekturen auf dem Negativ oder dem Positiv, beispielsweise mittels manueller oder chemischer Retusche).

Das Material. Das Aufnahmematerial besteht aus dem Schichtträger (Glas, Papier, Kunststoff), auf den die lichtempfindliche Schichte aufgebracht ist. Diese Emulsion setzt sich im wesentlichen aus Halogensilber in Gelatine und bestimmten organischen Farbstoffen, die als Sensibilisatoren bezeichnet werden, zusammen. Die Qualität des Aufnahmematerials drückt sich in *Empfindlichkeit*, *Gradation* (Verlauf der Schwärzung), *Lichthoffreiheit* (ohne Schleierbildung), *Auflösungsvermögen* (Möglichkeit, feinste Linien trennscharf wiederzugeben) und *Körnigkeit* aus.

Die allgemeine Empfindlichkeit des Aufnahmematerials wird in DIN (Deutsche Industrienorm), ASA (American Standard Association) oder in GOST (Sowjetische Norm) angegeben. Durch die Variation von Belichtung, Entwicklung und Vergrößerung ist es möglich, die Qualität des photographischen Materials zu beeinflussen.

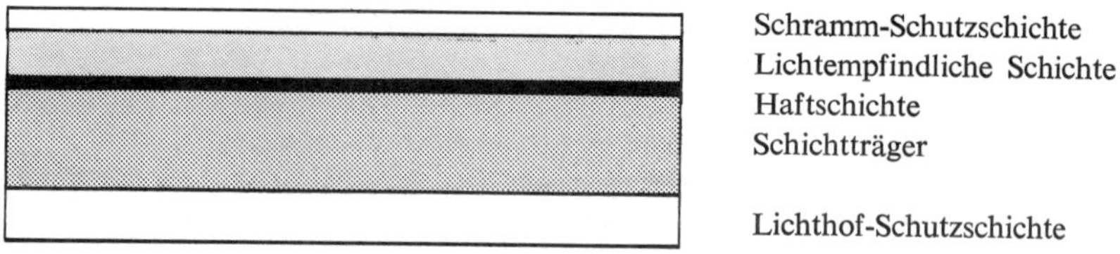

Schematischer Schichtaufbau eines Schwarzweißfilms

Die Farbphotographie

Die Entwicklung der Farbphotographie beginnt auf der Grundlage der *additiven* Farbmischung (zwei oder mehr Farben ergeben eine neue Farbe). Die Basis der modernen Farbphotographie ist die *subtraktive* Farbmischung, wobei neue Farben durch die Ausfilterung entstehen. Die Farbphotographie verlangt, gegenüber der Schwarzweißphotographie, anderes Sehen und Denken des Photographen. Außerdem ist die Qualität der Farbphotographie keineswegs in der Buntheit des Bildes zu suchen, sondern es bietet die gezielte Wahl von Farbkontrasten oder -übereinstimmung neue Ausdrucksmöglichkeiten.

Das Material. Zwei Sorten von Aufnahmematerial werden verwendet: Umkehrfilm und Negativfilm. Der *Umkehrfilm* ergibt nach der Verarbeitung ein *Farbdiapositiv*; dieses dient der Betrachtung oder als Vorlage für Reproduktionen (in der Weiterverarbeitung: Herstellung der Druckform und Druck). Vom *Farbnegativfilm* können wie vom Schwarzweißnegativ *Positive* für unterschiedliche Verwendungszwecke erzeugt werden. Die Positive können während des Herstellungsprozesses beeinflußt werden, die Umkehrfilme dagegen nicht.

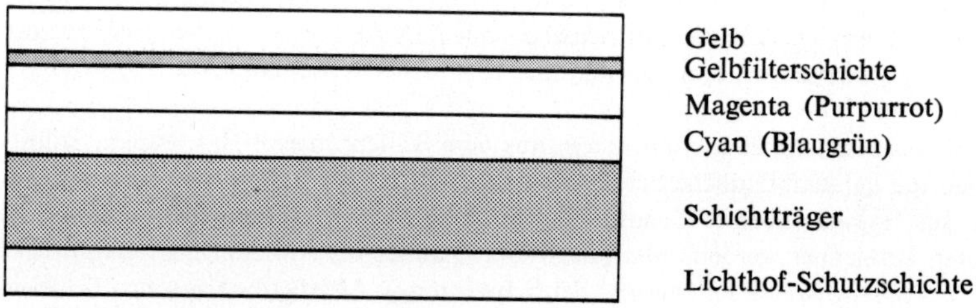

Schematischer Schichtaufbau eines Farbfilms

X Die Druckgraphiken

Einblattholzschnitt, anonym (15.Jh.), im Original koloriert. Reiberdruck. Kreuztragung

X

Holzschnitt

X

Holzschnitt
Schrotschnitt

Die Grundlage für die graphischen Berufe beginnt mit dem Wissen um die künstlerischen Druckgraphiken, die wir als Originalgraphiken ansprechen. Sie umschließen jene graphischen Künste, bei denen der jeweilige Druckstock, die Platte oder andere Druckträger vom Künstler hergestellt werden. Es kann dies durch Schneiden, Stechen, Gravieren, Schaben oder Zeichnen, auch durch Ätzen oder mit einer kombinierten Technik geschehen. Oft werden auch die Drucke (Abzüge) vom Künstler ausgeführt.
Damit ist ausgedrückt, daß die künstlerischen Druckgraphiken, von denen nur die Hauptvertreter behandelt sind, nach wie vor gepflegt werden. Es ist für den Graphiker interessant und wichtig, die technische Entfaltung zu beobachten, die aus der ursprünglichen Kunstform erwachsen ist und sich ständig weiterentwickelt. Erst die Symbiose von Kunst und Technik vollendet das Gesamtbild.

Hochdruck

Holzschnitt (Langholzschnitt). Er ist die ältere Technik des Holzschnittes. Der Langholzschnitt wurde zunächst nur als Bildschnitt, später als Illustration zu Texten gefertigt. Langholzschnitte entstanden – die ersten um 1410 – hauptsächlich bis Ende des 18. Jahrhunderts. Der Langholzschnitt setzt sich im Hirnholzschnitt fort und findet im Strichklischee seinen Abschluß.
Die frühesten Langholzschnitte zeigen einfache Konturenbilder, später gedieh eine immer feinere Ausführung. Aus der Blütezeit des Holzschnittes, die bis 1600 angenommen wird, sind großartige Leistungen bekannt, die ob ihrer schneidetechnischen Perfektion Bewunderung abverlangen. Besonders Albrecht Dürer (1471–1528) hat den Holzschnitt zu überragender Bedeutung geführt.
Als Druckstock verwendet man ein entsprechend großes Brett, das in Längsrichtung (deshalb Langholz) aus dem Baumstamm geschnitten wurde. Als Holzarten werden vornehmlich Birne oder Buche gewählt.
Die Zeichnung wird – wie es etwa Michael Wolgemut und Albrecht Dürer übten – direkt auf das Brett ausgeführt oder durch Vorzeichnen und Pausen übertragen. Zum Schneiden wird ein Schnitzer eingesetzt, es ist dies eine gut geschliffene Klinge aus Stahl, die in einem hölzernen Heft befestigt ist. Die Schneidebewegung weist zum Körper, wie beim Führen eines Zeichenstiftes. Gearbeitet wird im Sinne eines Kerbschnittes.
Wenn die optische Wirkung durch das Herausarbeiten von Weiß (Schnitt) aus Schwarz (verbleibende Fläche) zustande kommt, wird auch vom **Weißlinienschnitt** gesprochen.
Der später einsetzende Verfall der Holzschneidekunst ist vor allem durch die Entwicklung des Kupferstiches entstanden, der den Künstlern neue Ausdrucksmöglichkeiten bot.

Schrotschnitt (Schrotblatt). Die Zeichnung erscheint weiß auf schwarzer Fläche. Die Platte aus Metall wurde mit Sticheln, vor allem aber durch Einschlagen mit Punzen – daher die schrotkornähnlichen Vertiefungen – bearbeitet. Das erste der seltenen Schrotblätter stammt aus dem Jahre 1454.

Holzschnitt von Albrecht Dürer (1471–1528). Hl. Hieronymus in der Zelle

Holzschnitt von Lucas Cranach d. Ä. (1472–1553). Heilige Sippe

X

Farbholzschnitt

Farbholzschnitt, im Original braun-schwarz (Verwendung von Tonplatten, Clairobscur-Technik), von Raphael Motta. Anbetung der Könige

Schrotschnitt (Metallschnitt); man beachte die schrotkornähnlichen Vertiefungen, die durch Punzierwerkzeuge entstehen; anonym. St. Georg mit dem Drachen

X

*Weißlinien-
holzschnitt*

Weißlinienholzschnitt (Zeichnung aus der vollen Fläche, Negativwirkung, ähnlich dem Schrotschnitt) von Urs Graf (1485–1527). Der Bannerträger

X

Holzstich
Xylographie

Holzstich (Hirnholz) von Thomas Bewick (1753–1828)

Holzstich (Hirnholzschnitt), die jüngere Manier des Holzschnittes. Nach dem Niedergang der Holzschneidekunst mit dem Ende des 18. Jahrhunderts kam es zu einer Wiederbelebung – allerdings in neuer Art. Der Engländer Thomas Bewick (1753–1828) leitete, um 1790, diese Entwicklung ein. Er, als gelernter Kupferstecher, wendete seine Schneidetechnik in Holz an. Dazu bedurfte es eines anderen, härteren Materials: des über Hirn geschnittenen Holzstockes. Das feine, dichte Material ist geeignet, alle Tonwertabstufungen von Schwarz bis Weiß wiederzugeben.

Im Gefolge des künstlerischen Schnittes hat sich die gewerbliche Ausführung entwickelt – die *Xylographie.* Sie hatte im 19. Jahrhundert und bis ins 20. Jahrhundert beachtliche Bedeutung. Der Xylograph – ein Lehrberuf – schuf tonwertentsprechende, dem Original getreue Holzstiche, *Faksimileholzschnitte.* Als Illustrationen waren sie sehr ansprechend und bei Darstellung von technischen Dingen äußerst wirkungsvoll. Der Xylograph benützte auch Geräte, die beim Schnitt von geraden und runden Strichen erheblich halfen. Im weiteren wurden die Vorlagen nicht mehr von Hand auf die Holzplatte übertragen, sondern man bediente sich der

X

Strichätzung
Autotypie

Holzschnitt (Selbstporträt), Käthe Kollwitz (1867–1945)

Photokopie: die Oberfläche wurde mit einer lichtempfindlichen Schichte überzogen und die Vorlage aufkopiert (Photo-Xylographie).
Nachfolgerin der Xylographie wurde die Chemigraphie, allerdings in Verbindung mit der Reproduktionsphotographie. Die Ätzung ermöglicht eine wesentlich schnellere und billigere Umsetzung von der Zeichnung zum Druckstock – die Strichätzung. An die Stelle des Tonschnittes trat – wieder mit Hilfe der Reproduktionskamera – die Punktzerlegung einer Photographie als tonwertrichtige Autotypie.
Diese Entwicklung setzte sich – durch die Möglichkeiten der Farbentrennung auf photographischem Wege über die Ätzung bis zum Vierfarbenzusammendruck fort, durch den ein Druckprodukt entsteht, das dem Original analog ist.
Die letzte Berufsentwicklung läßt eine teilweise Ablösung des Metallklischees zugunsten des Kunststoffklischees (Auswaschverfahren) und des Films als Basis für die Weiterverarbeitung im Flachdruck erkennen. Der Berufsbereich des Chemigraphen ist demnach größer geworden, und er heißt dementsprechend Druckformenhersteller.

X

Linolschnitt
Gummitonplatten-schnitt

Farblinolschnitt von Pablo Picasso (1881–1973)

In der Entwicklung der Druckgraphiken hat die jüngste Zeit noch zwei Techniken angefügt.

Linolschnitt. In der Wirkung ist der Linolschnitt dem groben Langholzschnitt ähnlich. Linoleum besteht aus Juteleinen mit aufgegossener Kork-Leim-Schichte. Das Material ist demnach etwas brüchig und für feinere Zeichnungen nicht geeignet. Geschnitten wird mit hohlen Sticheln.

Gummitonplattenschnitt. Noch näher als der Linolschnitt liegt dem einfachen Langholzschnitt der Schnitt in die zweischichtige Tonplatte aus Gummi. Zur Bearbeitung dient nur der Schnitzer; hat man die Bildkontur angeschnitten, also begrenzt — wie beim Messerschnitt in Langholz —, so kann die nichtdruckende Stelle abgezogen und damit einfach freigelegt werden.

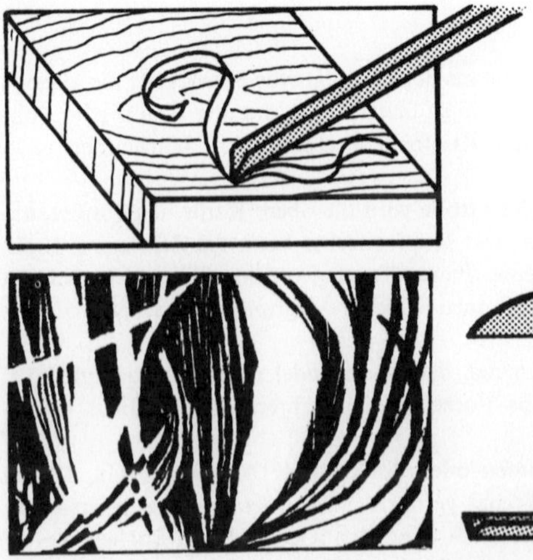

Holzschnitt (Langholz)
Linolschnitt

Schneidemesser
für Kerbschnitte
und Hohlstichel (Hohleisen)
Stichelprofile in V-Form
und U-Form

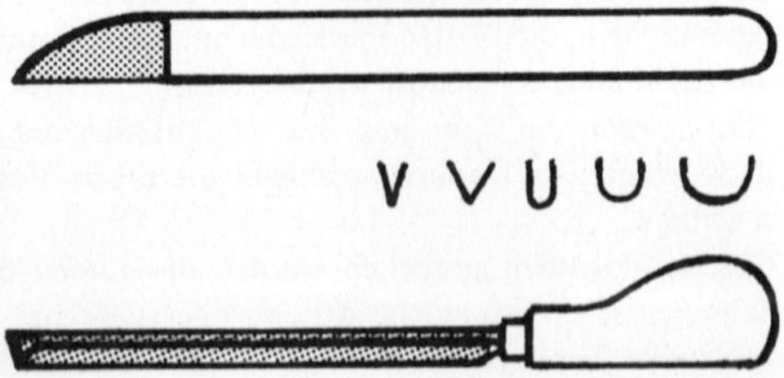

Holzstich (Hirnholz)
Bleischnitt

Grabstichel (Volleisen)
in verschiedenen Profilen
in V-Form, U-Form
und als Flachstichel

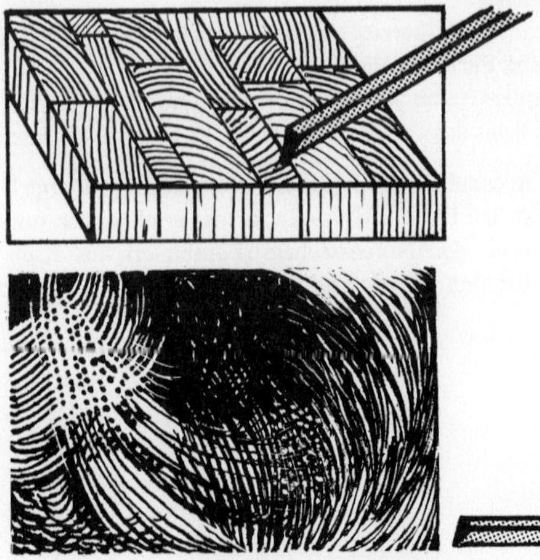

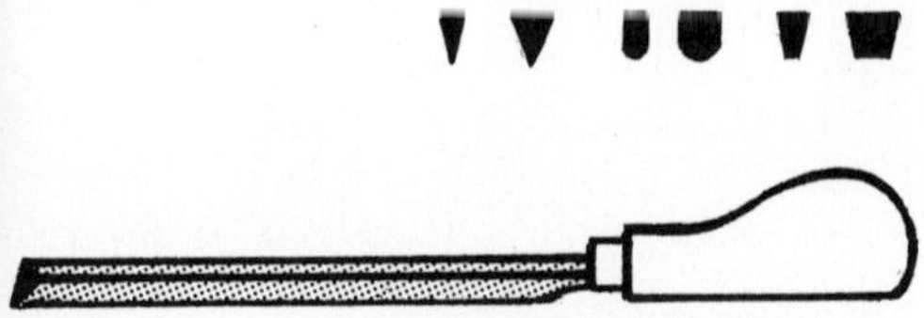

Gummitonplattenschnitt

Schneidemesser (Schnitzer)
für Schnitt der Bildkonturen

X Tiefdruck

Kupferstich

Kupferstich. Zweifellos hat sich der Kupferstich aus der Metallgravur entwickelt; die ältesten Blätter datieren aus dem 15. Jahrhundert. Allerdings bietet die Radierung eine solche Fülle mehr an Ausdrucksmöglichkeiten, daß sie den Kupferstich schon im 16. Jahrhundert weitgehend abgelöst hat.

Auf der polierten Kupferplatte entsprechender Größe wird die obere Kante abgerundet, um das Papier beim Drucken nicht zu verletzen. Der Kupferstecher kann die Zeichnung direkt auf der Platte ausführen oder sie mit Hilfe einer Pause übertragen. Eine weitere Möglichkeit besteht darin, die Plattenoberfläche mit einer dünnen Schichte Ätzgrund zu versehen, auf dem die Zeichnung aufgepaust werden kann.

Nun werden die Konturen und Hauptlinien mit der Radiernadel nachgezogen und dabei leicht eingeritzt. Dadurch verbleibt die grobe Vorzeichnung während des Stechens unverwischbar.

Geschnitten oder gestochen werden die Linien oder Punkte mit Dreikantsticheln. Durch Schwellstriche, gebündelte Striche oder gekreuzt geführte Striche kann der Kupferstecher zahlreiche Tonwerte erarbeiten. Mitunter schneidet oder schabt er auch mit Sticheln unterschiedlicher Profile. Die durch das Eingraben des Stichels (Grabstichel) entstehenden Grate werden mit einem Vierkantschaber abgenommen.

Das Einfärben der Platte zum Drucken kennen wir bereits aus dem Druckverfahren, also: Einreiben der Tiefdruckfarbe (eine sehr weiche Farbe) in die Platte, Reinigen der Oberfläche, Auflegen des gefeuchteten Kupferdruckpapiers (eine besonders weiche, prägbare Sorte), darüber kommt das Drucktuch (Filz). Dann folgt das Durchziehen in der Kupferdruckpresse.

Die Technik des Kupferstiches hat sich in zwei Arten fortgesetzt, die auch gewerblich genützt werden: ① Im künstlerischen **Stahlstich** für die Herstellung von Briefmarken und Banknoten und ② im **Notenstich,** der Arbeit des Notenstechers (kombiniert aus Kaltnadeltechnik, Kupferstich und Punzieren) für den Druck von Musiknoten.

X

Kupferstich

Kupferstich (man beachte auch die Schrift und Bücher) von Albrecht Dürer (1471–1528).
Erasmus von Rotterdam

X

Kupferstich

Kupferstich (man beachte im Ausschnitt oben besonders die Technik) von Jakob Schmuzer (1733–1811, Begründer der Wiener Kupferstecherakademie). Graf Durazzo (1711–1794), der über Auftrag von Herzog Albert und dessen Gemahlin Christine wesentliche Teile für deren graphische Sammlung, die jetzige Albertina in Wien, erwarb

X

Kupferstich

X

Radierung
Kaltnadeltechnik

Radierung. Wohl keine zweite Technik der Druckgraphik läßt so viele Spielarten zu wie die Radierung. Die Technik ist seit dem 15.Jahrhundert bekannt und wurde vom Schmücken der Rüstungen und Waffen übernommen. Mit Martin Schongauer (1445—1491) beginnend, über Albrecht Dürer führend, erreichte die Radierkunst durch Rembrandt van Rijn (1606—1669) einen Höhepunkt.
Der Arbeitsablauf sieht drei Phasen vor, die für die einzelnen Arten von unterschiedlicher Bedeutung sind:

① Aufbringen des Ätzgrundes,
② Ausführen der Zeichnung auf der Platte (Radieren) und
③ Ätzung.

Auf eine fein polierte und sorgfältig entfettete Kupferplatte wird der Ätzgrund gleichmäßig dünn aufgetragen. Ist der Ätzgrund farblos, so schwärzt man ihn durch Anrußen.
Die Zeichnung kann auf die Platte direkt oder durch Pausübertragung ausgeführt werden. Nun beginnt das eigentliche Radieren (Zeichnen). Mit Radiernadeln und Werkzeugen, die in verschiedenen Profilen Anwendung finden, wird der Ätzgrund — dem Motiv und der beabsichtigten Wirkung entsprechend — entfernt und die Platte damit an diesen Stellen freigelegt. Die dritte Phase, das Ätzen, vollzieht sich mit einer verdünnten Eisenchloridlösung in der Ätzwanne. Die Dauer der Säureeinwirkung ist maßgebend für die Tiefe und Breite der freigelegten Partien. Das Fortschreiten des Ätzprozesses ist sorgfältig zu beobachten. Sind Teile schon ausreichend tief, werden sie durch Abdecken mit Asphaltlack vor dem weiteren Eindringen der Säure geschützt. So wird fortlaufend verfahren, bis nur noch jene Stellen offen sind, die kräftige Wirkung erreichen sollen.
Retuschen können auf der fertigen Platte durch Glätten der lichteren Partien und Nachstechen — Vertiefen — der dunkelsten Stellen vorgenommen werden.

Kaltnadeltechnik. Wenn der Radierer einen gewissen Umfang der Zeichnung in die Platte ritzt oder schabt (Kaltnadel), so spricht man von Kaltnadeltechnik. Anschließend wird meist Ätzgrund aufgetragen und die in Kaltnadeltechnik begonnene Arbeit in Radiertechnik fortgesetzt. Es entsteht somit eine Kombination Schnitt-Ätzung.

X

Radierung

Radierung von Rembrandt (Rembrandt Harmensz van Rijn, 1606–1669). Selbstbildnis, 1633

X

Radierung

Radierung (nach Zeichnung von Gabriel Metsu, 1629–1667) von Ploos van Amstel.
Die Kuchenbäckerin

X

Radierung

Radierung von Max Klinger (1857—1920). Paraphrase über den Fund eines Handschuhs

X

Crayontechnik
Aquatinta

Crayontechnik. Ist die Wirkung von Pastell, Rötel oder Bleistift in der Darstellung beabsichtigt, so arbeitet der Radierer mit sogenannten Rouletten, Werkzeugen mit kleinen, verschieden profilierten Rädchen.
Auf der mit Ätzgrund gedeckten Platte führt man — der Zeichnung entsprechend — das Rädchen; durch die Zähnchen wird die Schichte an den Berührungspunkten freigelegt. Die Manier vermittelt nach sorgsamer Ätzung im Druck eine kornähnliche Modellierung, die an das Schummern erinnert. Die Crayontechnik wurde in Frankreich, 1756, erstmals angewendet.

Aquatinta. Der Radierer strebt durch Anwendung dieser Manier eine flächige, malerische Bildwirkung an. Dazu ist erforderlich, daß sich die Arbeit in mehreren Phasen vollzieht. Zuerst wird auf die schon bekannte Weise eine zarte Zeichnung geätzt. Sie übernimmt die Rolle einer Vorzeichnung. Nach Entfernen des Ätzgrundes wird die Platte mit einem Staubkorn versehen. Man erzielt dieses durch Aufstäuben von Asphalt oder Kolophonium; durch Erwärmen der Platte schmelzen die Teilchen und überziehen die Oberfläche wie mit einem Korn. Nun deckt der Radierer in stufenweisen Arbeitsgängen, von den lichtesten Stellen beginnend, die Platte mit einem säurefesten Firnis ab. Er muß die Ätzphasen und die Körnung genau beobachten. Die Manier geht auf den Franzosen Jean Baptiste le Prince zurück, der erstmals 1768 in Aquatinta gearbeitet hat.
Die Möglichkeiten, die die Technik der Aquatinta aufzeigen, weisen auch sehr anschaulich auf die Wirkungen des Tones in der Radierung. Von dieser Erkenntnis ausgehend, entfernt man von der Plattenoberfläche bewußt die Farbe nicht völlig, sondern läßt sie in zarten Tönen mitdrucken. Es entsteht somit eine reizvolle Wirkung durch Kombination von Tief- und Hochdruck.

X

Crayontechnik

*Radierung mit Roulettetechnik (Crayontechnik) von Marc Chagall (*1887). Ausschnitt aus dem Blatt „Die Polizei kommt" (Illustration zum Theaterstück „Die toten Seelen" von Gogol)*

X

Radierung
Kaltnadeltechnik
Aquatinta

Francisco Goya
(1746–1828)
Gleich und gleich gesellt sich gern

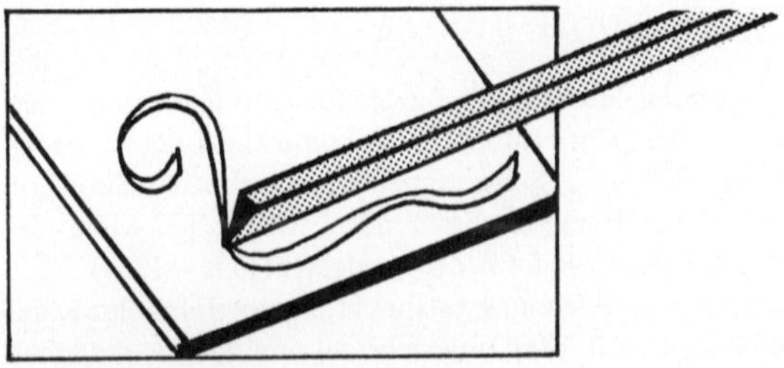

Kupferstich

Grabstichel
(wie für den Holzstich)
zusätzliche Werkzeuge wie
Stichel für Linienbündel
Roulette und Radiernadel

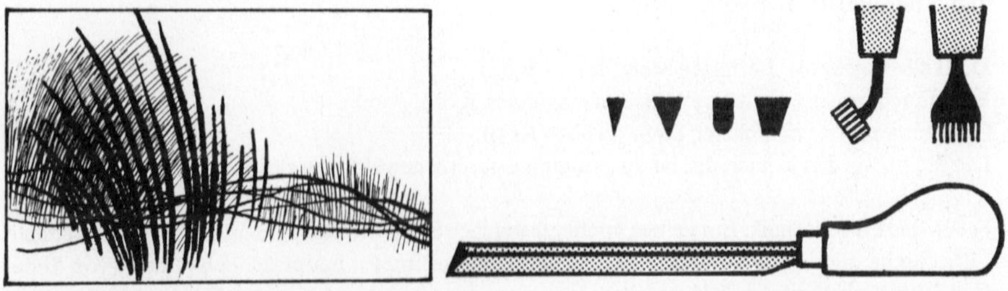

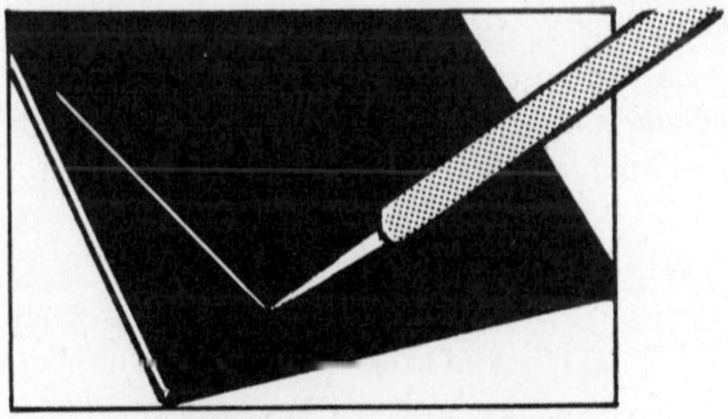

Radierung
Kaltnadeltechnik
Aquatinta

① Radierung
Einritzen der Zeichnung
in die deckende Schichte
(Hartgrund), dann Ätzen

② Kaltnadeltechnik
Gravieren der Zeichnung
mit der Radiernadel
Polieren der Platte

③ Aquatinta
Flächiges Ätzen der Platte
Wirkung von Halbtönen
Kombiniert mit Radierung

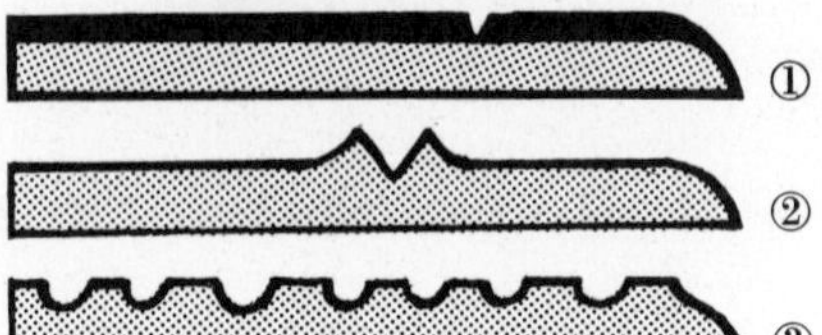

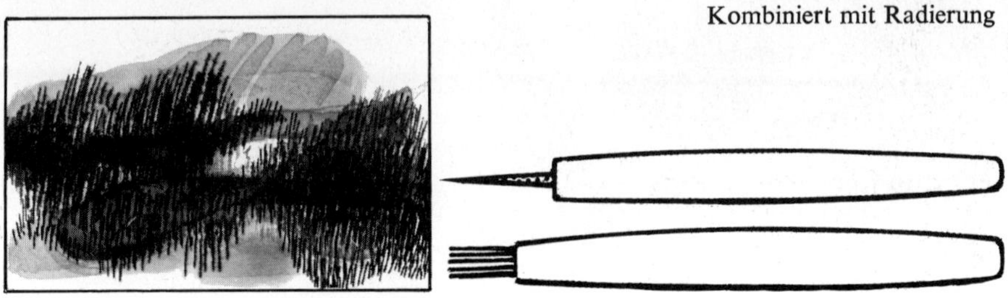

X Flachdruck

Lithographie
Feder- und Pinseltechnik

Lithographie. Sie ist — allerdings in einigen Spielarten — die einzige Flachdrucktechnik innerhalb der künstlerischen Druckgraphiken. Das Wort Lithographie kommt aus dem Griechischen und heißt soviel wie Steinzeichnung (lithos = Stein, graphein = zeichnen, schreiben). Die Lithographie ist mit dem Steindruck (Flachdruck) eng verbunden, wie Vorbereitung und Abschluß. Diese Einheit symbolisierte schon der Erfinder Alois Senefelder (1771—1834).
Das Material, das allen Anforderungen der Steinzeichnung entspricht, ist der Solnhofer Kalkstein, der im Altmühltal in Bayern gewonnen wird. Man unterscheidet drei Sorten, die schon durch ihre Farbe zu erkennen sind:

Dunkelblaugrau = härtester Stein, feines Korn.
Blau (auch grau) = mittlere Härte, mittelfeines Korn.
Gelb bis weiß = weicher Stein, grobes Korn.
Die Steine werden je nach der beabsichtigten Graphik gewählt, geschliffen und gekörnt.

Feder- und Pinseltechnik. Ein gelber, nicht zu weicher Stein wird fein geschliffen. Die verwendete Lithotusche oder -tinte enthält fette und harzige Substanzen, hauptsächlich Anteile von Seife. Gezeichnet wird mit der Zeichenfeder oder dem Pinsel, je nach der Ausführung in Punkten, Strichen oder Flächen.
Ist die Zeichnung fertig, wird der Stein leicht angeätzt. Die dazu verwendete Säure ist eine Mischung aus wasserverdünntem Gummiarabikum und Salpetersäure. Die Lösung kann den Stein nur an solchen Stellen ätzen, die nicht von der Tusche gedeckt und damit geschützt sind. Ist der Ätzzustand ausreichend, wird der Stein mit lauwarmem Wasser gewaschen, mit einer Gummilösung überzogen und ist damit druckreif.

Lithographie (Pinseltechnik) von Edvard Munch (1863–1944). Todesangst

Lithographie (Kreidetechnik)
man beachte die Technik
besonders im Ausschnitt links
Honoré Daumier (1808—1879)
Der Junggeselle

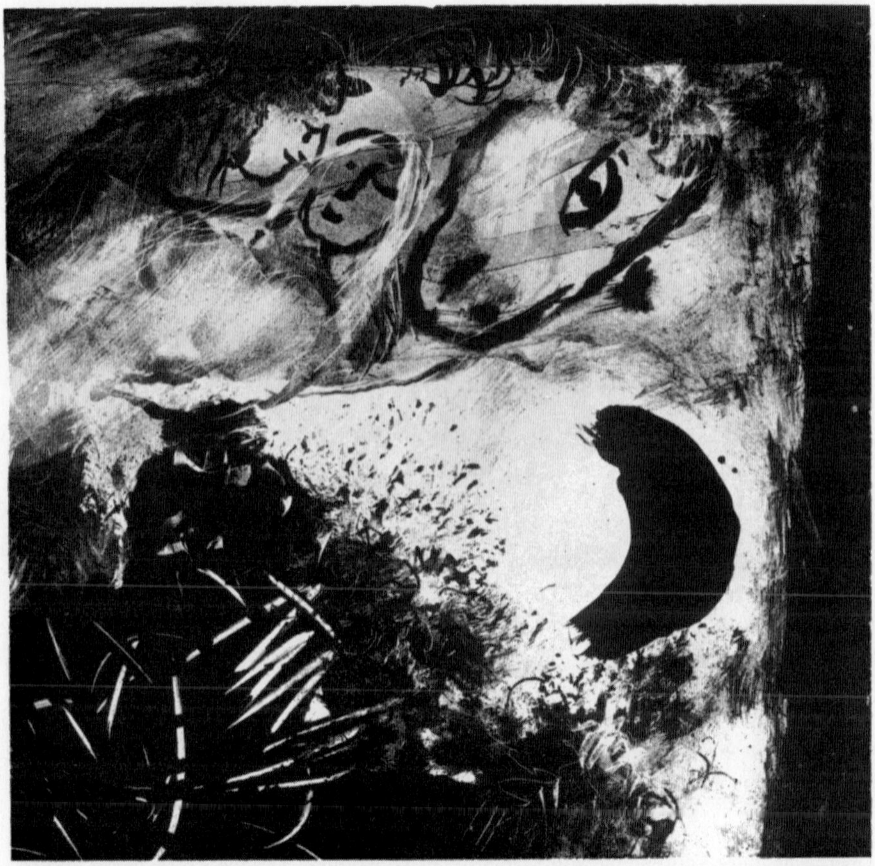

*Lithographie (Schabtechnik) von Marc Chagall (*1887). Das karierte Tischtuch (Ausschnitt)*

Kreidetechnik. Sie ist wohl die am häufigsten angewendete Manier und entspricht am meisten der Vorstellung von „Lithographie“.
Es wird ein Stein mittlerer Härte gewählt und ebenso fein wie für die Federzeichnung geschliffen; dann körnt man den Stein mittels feinen, scharfen Sandes, eine Vorbereitung, die wichtig ist. Das Korn soll scharf, spitz und offen sein.
Die Zeichnung kann je nach dem angestrebten Ausdruck mit lithographischen Kreiden verschiedener Weichheitsgrade ausgeführt werden.
Die abschließende Ätzung des Steines muß bei der Kreidelithographie besonders behutsam vorgenommen werden. Denn das Korn wird überall dort, wo es nicht die Kreide trägt und somit geschützt ist, abgeätzt. Diese Stellen sind hernach glatt und gering tiefer.

X

Schabtechnik
Steingravur
Steinätzung

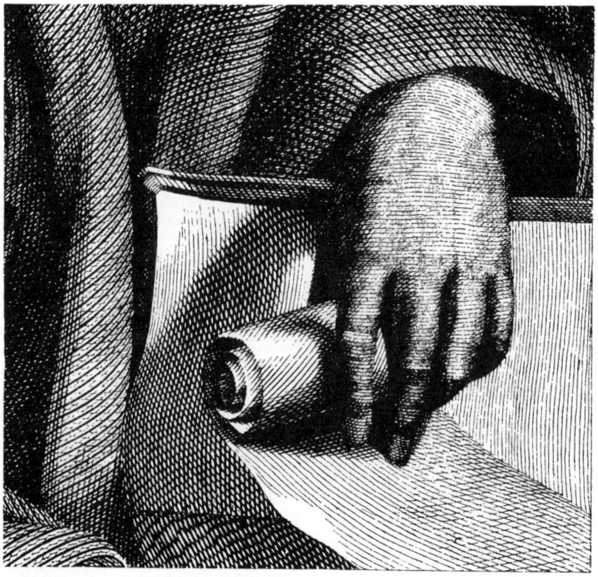

Steingravur (Ausschnitt) man beachte die Ähnlichkeit mit Kupferstich und Kaltnadeltechnik

Schabtechnik. Auf einen harten, ausreichend gekörnten Stein wird das Motiv mit Bleistift gezeichnet. Hierauf überzieht man die Oberfläche mit durchsichtigem Asphaltlack, so daß die Zeichnung gut erkennbar bleibt.
Nun wird mit Nadel und Schaber der Lack — der Vorzeichnung und gewünschten Wirkung entsprechend — fein abgeschabt und abschließend die Oberfläche geätzt.

Steingravur (dem Kupferstich verwandt). Dazu dient ein sehr harter (blaugrauer) Stein, dessen Oberfläche unter Verwendung von Kleesalz glatt poliert wird. Um die Arbeit besser kontrollieren zu können, bedeckt man die Oberfläche mit einem dünnen Farbgrund (Ruß mit Wasser und einem Zusatz von Gummi). Die Linien werden mit der Graviernadel in den Stein leicht eingeritzt, Flächen mit entsprechend profilierten Schabnadeln zart aufgeschabt.

Steinätzung (der Radierung verwandt). Die Oberfläche wird mit einem Ätzgrund abgedeckt. Aus diesem werden die später druckenden Stellen — der Zeichnung entsprechend — freigelegt und angeätzt.
In der Weiterentwicklung hat sich die gewerbliche Lithographie von den Grundtechniken gelöst. Sie bedient sich heute immer mehr der Photographie und arbeitet in der Praxis — als Vorbereitung für den Offsetdruck — ausschließlich mit Filmen. Diese werden für die Kopie geätzt, retuschiert und montiert.

Lithographie (Pinselstrich, Fläche, Spritzen) von Henri Toulouse-Lautrec (1864—1901). Plakat

X

Lithoplakat

X

Flachdruck
Graphiken

Pinseltechnik

Besonders
glatt geschliffener Stein
wie bei Federtechnik.
Verwendet wird Lithotusche

Strichtechnik
Punktiertechnik

Der Stein
muß glatt geschliffen sein.
Verwendet wird Lithotusche

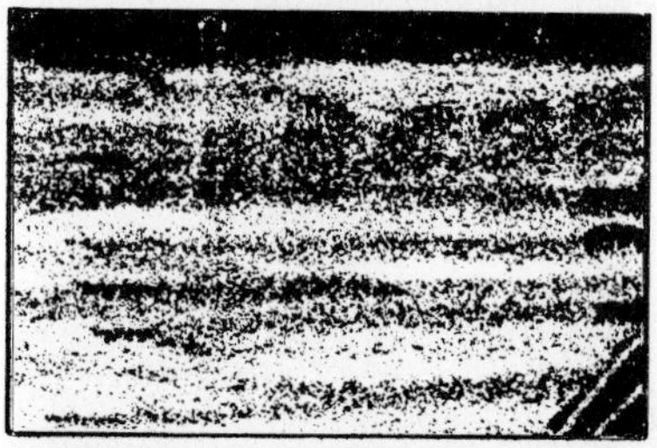

Kreidetechnik

Die Körnung des Steins muß
scharf, spitz und offen sein.
Verwendet wird Lithokreide

Schabtechnik

Harter und gekörnter Stein.
Die durch Schaben
freigelegten Stellen
werden leicht angeätzt

Siebdruck

Serigraphie. Diese Druckgraphik ist am besten mit dem Schablonieren zu vergleichen: Farbe wird durch eine Schablone auf das Druckgut aufgetragen.
Über einen Holz- oder Metallrahmen, entsprechend dem Format der Arbeit, wird ein Sieb – ein Gewebe vornehmlich aus Kunstfaser in verschiedenen Maschenweiten (je nach der erwünschten Wirkung) – gespannt.
Maßgebend für die Serigraphie ist die Herstellung der Druckform, entweder als Schnittfilmschablone oder als Photoschablone.

Um eine *Schnittfilmschablone* herzustellen, legt man auf die Vorzeichnung die transparente doppelschichtige Folie. Sie besteht aus einer Trägerschichte, auf die eine ablösbare Gelatine- oder Schellackschichte aufgebracht ist. Diese obere Schichte wird, den Konturen der Zeichnung folgend, so ausgeschnitten, daß nur die nichtdruckenden Stellen verbleiben. Auf die fertige Folie legt man den bespannten Rahmen, die Siebseite nach unten. Durch Auftragen eines Lösungsmittels weicht sich die Oberschichte auf, verbindet sich mit dem Gewebe und macht es farbundurchlässig.

Die *Photoschablone* wird für komplizierte, vor allem gewerblichen Zwecken dienende Vorlagen verwendet. Die Herstellung der Photoschablonen erfolgt auf drei Arten: die direkte, die indirekte und die direkt-indirekte Methode. Siehe auch VII „Die Druckverfahren", Siebdruck.

Bei mehrfarbigen Serigraphien wird für jede Farbe eine Schablone hergestellt. Der Farbenaufbau ergibt sich aus dem Entwurf, kann aber auch auf Grund der bereits erarbeiteten Schablonen Variationen erfahren.

Siebdruck-Rahmen und Rakel

Mehrfarben-Serigraphie von Indiana

XI Aus Österreichs Druckergeschichte

Wien

Erste Drucke
Einer allerdings noch unbewiesenen Annahme zufolge soll Ulrich Han — der zwischen 1465 und 1478 erfolgreiche deutsche Frühdrucker in Rom — um die Jahre 1461 bis 1463 in Wien gearbeitet haben.

1482 Erwiesen ist, daß schon vor dem Jahre 1482 Wiener Drucker im Ausland tätig waren. Doch erst aus der Zeit von 1482 bis 1486 sind Druckwerke erhalten, die nach Angabe von Ort und Zeit als älteste Wiener Drucke gelten, deren Hersteller allerdings unbekannt geblieben sind. Es ist möglich, daß der Drucker der St.-Rochus-Legende der Wiener Stefan Koblinger gewesen ist.

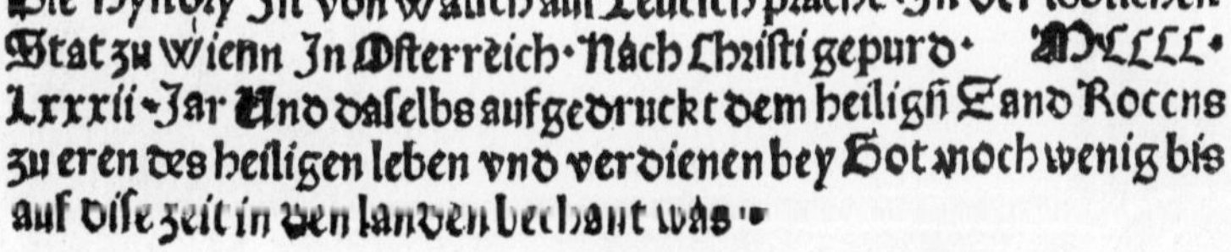
Die hystory Jst von wälsch auf Teütsch pracht· In der löblichen
Stat zu wienn In Osterreich· Nach Christi gepurd· MCCCC·
Lxxxii·Jar Und daselbs aufgedruckt dem heiligẽ Sand Roccus
zu eren des heiligen leben vnd verdienen bey Got noch wenig bis
auf dise zeit in den landen bechant was·

Schlußschrift der St.-Rochus-Legende, Wien 1482

Ende 15. Jahrhundert und 16. Jahrhundert

1492 **Johannes Winterburger** (bis 1519)
Er wurde in Winterburg bei Kreuznach, unweit von Mainz, geboren. Winterburger wurde Bürger der Stadt Wien und besaß ein Haus in der Krugerstraße. In seiner gut eingerichteten Offizin schuf er 208 Drucke, teils Grammatiken, wissenschaftliche Werke, schöne liturgische Bücher, Kalender und Einzeldrucksachen. Sein bekanntestes Werk ist das Wiener Heiltumsbuch.

1510 **Hieronymus Vietor** (bis 1514)
Er stammte aus Liebental, ehemals Schlesien. Vietor arbeitete in Wien und Krakau. In Wien druckte er von 1510 bis 1514 gemeinsam mit Johannes Singriener, ab 1515 allein;

XI

Wiener Drucker

Practica
auf dis iar
Mccccxcvij

E igit̃ cle-
mētissime
pater p̱ ie-
sum chr̃m
filium tuū
dn̄m nr̄m:
supplices
rogam⁹ ac petim⁹: vti ac-
cepta habeas ꝛ bn̄dicas

Holzschnittinitiale und Satz aus Rundgotisch (Rotunda) von Johannes Winterburger, Wien 1499
Linke Seite: Ein Titelblatt mit Holzschnitteinfassung von Johannes Winterburger, Wien 1497

vorübergehend — man kann annehmen zwischen 1517/18 und 1528 — arbeitete er in Krakau, dann wieder in Wien. Etwa 90 Werke — fast ausschließlich profanen Inhalts, in deutscher, polnischer, griechischer, vornehmlich lateinischer Sprache — entstanden in der Offizin Vietors; ungefähr die gleiche Anzahl gemeinsam mit Johannes Singriener.

1510 **Johannes Singriener** (bis 1545)
Er kam aus Ötting in Bayern; bis 1514 arbeitete er gemeinsam mit Hieronymus Vietor, dann betrieb er allein eine Offizin. Sie galt als vortrefflich eingerichtet; zudem kaufte Singriener nach dem Tode Winterburgers, 1519, dessen Druckereieinrichtung. Er druckte mehr als 500 Werke mit den verschiedensten Inhalten in mehreren Sprachen, viele davon sehr gut ausgestattet. Er ist als der bedeutendste Wiener Drucker aus dem 16. Jahrhundert anzusehen.

XI

Wiener Drucker

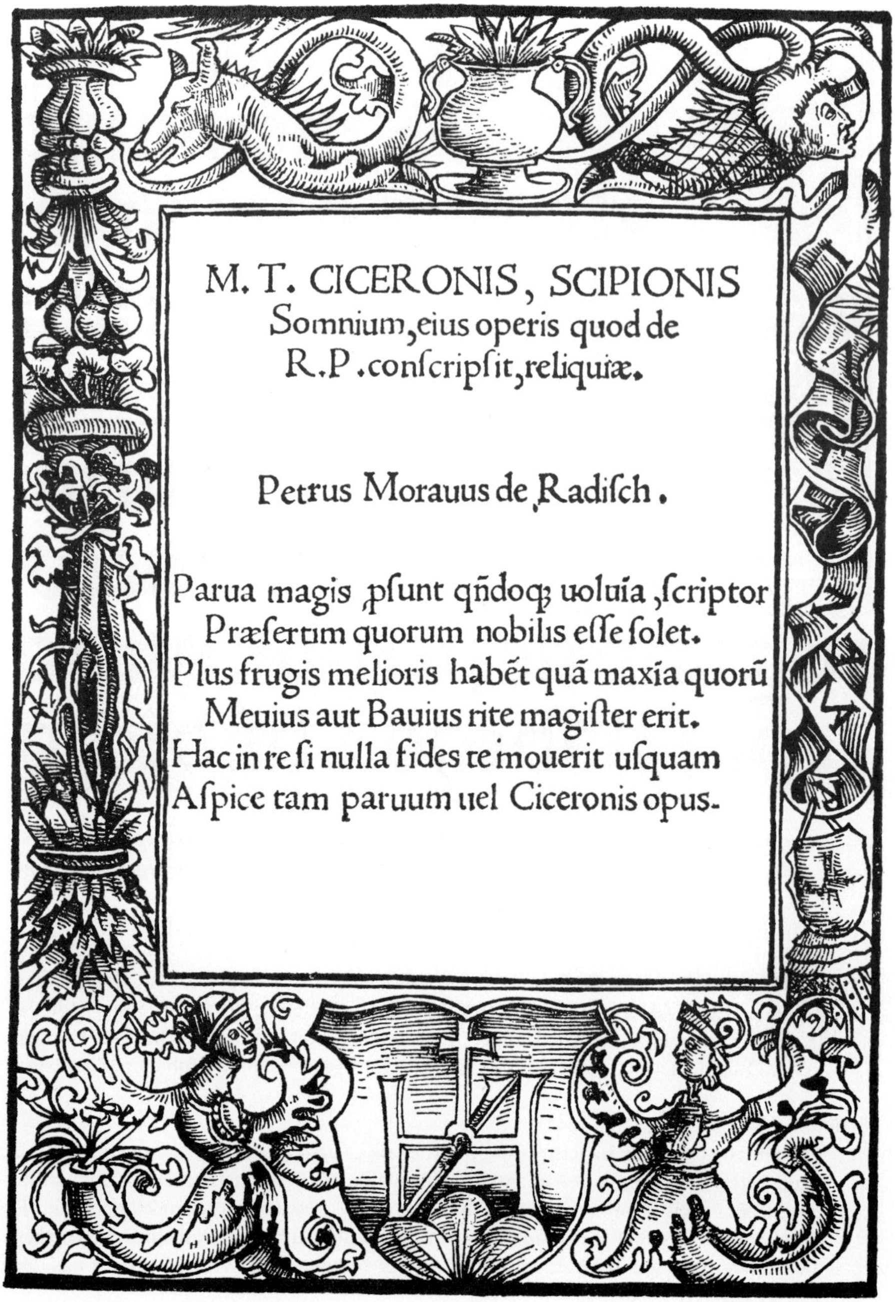

M. T. CICERONIS, SCIPIONIS
Somnium, eius operis quod de
R. P. conſcripſit, reliquiæ.

Petrus Morauus de Radiſch.

Parua magis ꝓſunt qñdoqꝫ uoluīa, ſcriptor
Præſertim quorum nobilis eſſe ſolet.
Plus frugis melioris habẽt quā maxīa quorū
Meuius aut Bauius rite magiſter erit.
Hac in re ſi nulla fides te mouerit uſquam
Aſpice tam paruum uel Ciceronis opus.

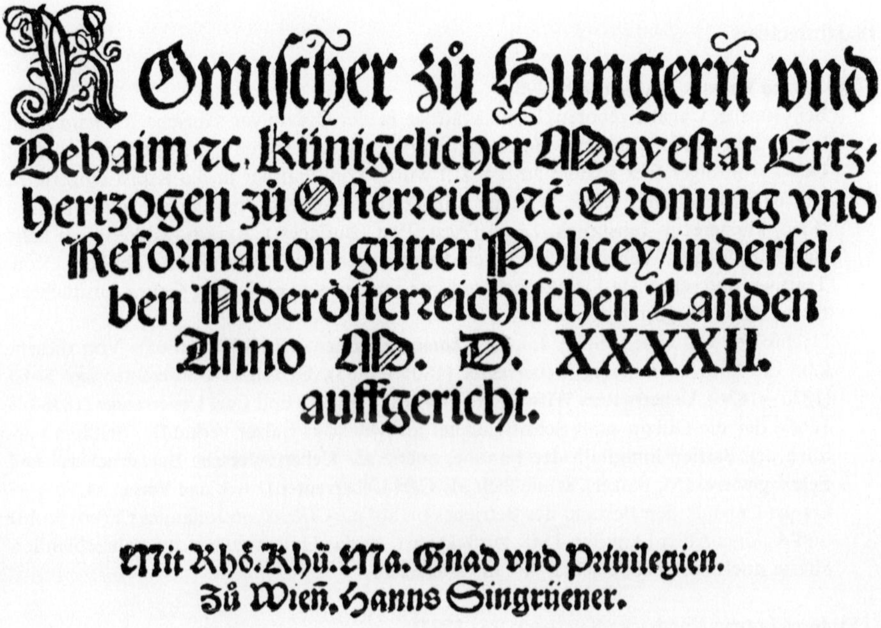

Römischer zů Hungern vnd Behaim ꝛc. Künigclicher Mayestat Ertz-hertzogen zů Osterreich ꝛc. Ordnung vnd Reformation gütter Policey/in derselben Niderösterreichischen Landen Anno M. D. XXXXII. auffgericht.

Mit Rhö.Khü.Ma.Gnad vnd Priuilegien.
Zů Wien. Hanns Singrüener.

Titelsatz für eine Polizeiordnung aus früher Fraktur und Rundgotisch von Johannes Singriener
Links: Titelseite von Hieronymus Vietor (man beachte die Druckerinitialen HV, untere Leiste)

17. Jahrhundert

1640 **Matthäus Cosmerovius** (bis 1674)
Er war aus Polen zugewandert, hatte schon in Krakau eine kleine Druckerei betrieben und gilt als der hervorragendste Wiener Drucker des 17. Jahrhunderts. Cosmerovius übernahm durch Heirat der Witwe **Maria Formica** die Offizin des angesehenen Druckers Matthäus Formica im Kölnerhof. Die Druckerei von Cosmerovius galt mit fünf Pressen und dem entsprechenden Satzmaterial als eine der größten der Zeit. Es sind ungefähr 500 Drucke bekannt.

1678 **Johann van Ghelen** (bis 1721)
Er kam aus Antwerpen nach Wien. Ghelen erwarb die Druckerei des Johann Hacque und baute sie — neben der Offizin von Cosmerovius — zur größten in Wien aus. Ghelen, der Hof- und Universitätsbuchdrucker war, stellte viele Gebrauchsbücher her, vor allem fremdsprachige Werke; auch versuchte er, Deutschsprachiges statt wie damals üblich mit Fraktur in Antiquatypen zu setzen.

XI

18. Jahrhundert

Wiener Drucker

1748 **Johann Thomas Trattner** (bis 1798)

Bei Güns in Ungarn geboren, lernte Trattner in der Offizin van Ghelens. Er kam nach kurzer Zeit in die Gunst des Hofes und wurde mit besonderen Privilegien ausgestattet. Der Thronfolger (der spätere Joseph II.) wurde von Trattner in die Kunst eingeführt. Auf dem Höhepunkt seines Wirkens war Trattner der Prinzipal der großen Offizin in Wien, kleinerer in Innsbruck, Linz, Triest, Pest (Budapest), Agram (Zagreb), von acht Buchhandlungen, achtzehn Bücherniederlassungen und zwei Papierfabriken. Von Trattner sind sehr viele Drucke bekannt, sie reichen von einfachen Gebrauchsbüchern bis zu schön ausgestatteten Werken.

Nachfolger wurde sein Sohn **Johann Thomas Trattner d. J.** (1798–1805). Von diesem kam die Offizin an **Georg Ueberreuter** (1805–1835). Es folgen **Ueberreuter und Sohn** (1835–1836), **Ueberreuters Witwe und Sohn** (1836–1838) und **Carl Ueberreuter** (1838 bis 1866), der die Offizin samt Schriftgießerei an **Matthäus Salzer** verkaufte. Seitdem verblieb der Betrieb innerhalb der Familie, zuerst als **Ueberreutersche Buchdruckerei und Schriftgießerei** (M. Salzer), schließlich als **Carl Ueberreuter Druck und Verlag M. Salzer.** Da die Chronik den Bestand des Betriebes bis auf die Offizin von Johannes Carbo (Kohl) und Ägidius Adler (Aquila), 1548, zurückführt, ist das Unternehmen das wahrscheinlich älteste noch bestehende seiner Art in Österreich.

1755 **Josef Lorenz Kurzböck**; Kurzbeck (bis 1792)

Er übernahm von seinem Vater, **Gregor Kurzböck**, eine kleine Druckerei, die er in kurzer Zeit zu einer gut ausgestatteten Offizin entwickelte, in der auf fünfzehn Pressen gedruckt wurde. Die Offizin war eingerichtet für Arbeiten in illyrischer, wallachischer, thrakischer, russischer, griechischer Sprache und in orientalischen Sprachen.

19. Jahrhundert

1801 **Josef Vincenz Degen** (bis 1815)

Er stammte aus Graz, erwarb 1789 in Wien eine Buchhandlung und errichtete 1801 gemeinsam mit Anton Strauß eine Schriftgießerei, wenig später eine Buchdruckerei. Degens Offizin war sehr gut eingerichtet und zeichnete sich durch vorzügliche Leistungen aus. Dies führte dazu, daß bei der Überlegung der Staatsbehörde, eine eigene Druckerei für die Drucksorten des Hofes zu schaffen, die Wahl auf die Offizin Degens fiel.

1804 **Die Österreichische Staatsdruckerei**

Die k. k. Hof- und Staatsdruckerei wurde als provisorische Anstalt gegründet und im Franziskanerkloster in der Singerstraße untergebracht. Die Einrichtung – zum Teil aus der mustergültigen Offizin von Josef Vincenz Degen stammend – bestand aus der Druckerei mit ausreichendem Satzmaterial und ungefähr 20 Pressen, der Schriftgießerei, einer eigenen Kreditabteilung unter Aufsicht eines Hofbeamten, in der sich auch eine Guillochier-Maschine befand. Degen leitete zunächst provisorisch die neue Hofdruckerei und wurde 1814 deren erster Direktor. Als solcher verhalf er dem Unternehmen zu großem Ansehen.

XI
Wiener Zeitung

Num. I.

Wiennerisches Diarium,

Enthaltend

Alles Denckwürdige / so von Tag zu Tag so wohl in dieser Käyserlichen Residentz-Stadt Wienn selbsten sich zugetragen / als auch von andern Orthen auß der gantzen Welt allda nachrichtlich eingeloffen /

Mit diesem besondern Anhang /

Daß auch alle diejenige Persohnen / welche wochentlich allhier gestorben / hingegen was von Vornehmen gebohren / dann copuliret worden / ferner anhero und von dannen verreiset / darinnen befindlich.

Mit Ihro Römischen Käyserlichen Majestät allergnädigsten Privilegio.

Titelseite der ersten Ausgabe „Wienerisches Diarium" („Wiener Zeitung"), vom 8. August 1703

Unter dem Direktor Alois Auer (1841—1866) erreichte die Hofdruckerei eine entscheidende Entwicklung. Der Betrieb galt um 1845 als die führende typographische Anstalt der Welt, ein Ruf, der aus dem Schatz der Fremdsprachenalphabete erwuchs. Dieses Ansehen konnte auch bis heute gewahrt bleiben, wozu die hervorragende Briefmarkenherstellung viel beiträgt.
Die Österreichische Staatsdruckerei, die sich um den Anschluß an die neuzeitliche Entwicklung bemüht, ist die größte polygraphische Anstalt des Landes.

1703 **„Wiener Zeitung"**
Sie ist die älteste Tageszeitung der Welt. Erstmals erschien sie posttäglich — was soviel wie zweimal wöchentlich bedeutete — am 8. August 1703 als „Wienerisches Diarium" in der Offizin von Johann Baptist Schönwetter. Er hatte dazu am 10. Jänner 1702 ein kaiserliches Privilegium impressorium erhalten. Den Titel „Wiener Zeitung" trägt sie seit dem Jahre 1780. Die „Wiener Zeitung", als deren Herausgeber die Republik Österreich zeichnet, ist immer das offizielle Regierungsorgan.

Wiener Schriftgießereien
Noch vor wenigen Jahrzehnten hieß die Wiener Berufsschule für graphische Gewerbe „Fachliche Fortbildungsschule für Buchdrucker und Schriftgießer". Dies weist auf die Bedeutung des Schriftgusses im Wiener Raum, der in zahlreichen Hausgießereien und in selbständigen Schriftgießereien blühte. Von den Traditionsbetrieben wirkt nur noch Berthold und Stempel auf dem Gebiet der Pflege der Schrift und deren Entwicklung. Der hauseigene Guß wird noch vielfach durchgeführt. Dieser Rückgang ist in der Folge der Entwicklung des Photosatzes entstanden.

Die Bundesländer

Nach Betrachtung des Anfangs, des Beginnes der Druckzeit in den einzelnen Bundesländern, sei abschließend jeweils die Gegenwart kurz vermerkt. Zumeist wird nur der erste Drucker in einem Ort genannt, es sei denn, es läßt sich eine durchgehende Linie bis in die Jetztzeit nachweisen.
Auffallend ist, daß in manchen Ländern und Gemeinden die Druckzeit spät einsetzt. Die Ursachen sind die dominierende Stellung Wiens als Hauptstadt eines Reiches, weiters die Nähe von überragenden Druckstädten vornehmlich Süddeutschlands sowie die sogenannten Privilegien, die einzelnen Druckern gewährt wurden und damit weitere Offizinsgründungen verhinderten.
Die gegenwärtige Anzahl der Druckorte beziehungsweise der Orte mit graphischen Betrieben soll ein Bild der Struktur des Bundeslandes vermitteln, welches allerdings im Verlaufe der Entwicklung kaum unberührt bleiben wird.

Burgenland

Betrachtet man die Geschichte der Drucker des Burgenlandes, so ist zu bedenken, daß das Gebiet dieses Bundeslandes jahrhundertelang Teil eines größeren, anders gegliederten Kulturraumes war.

1582 **Johannes Manlius** (Manlyus) in Güssing
Er stammte aus Krain (Slowenien) und kam über Laibach (Ljubljana) nach Güssing. Manlius entfaltete eine umfangreiche Tätigkeit; er druckte außer in Güssing in Eberau (1587–1592), Deutsch Schützen (1592–1593) und in Deutschkreutz (1598, 1601, 1603 bis 1605).
1593 **Klosterdruckerei** in Wimpassing an der Leitha (bis 1599)
1670 **David Kraus** (Krausz) in Loretto (bis 1671)

Gegenwärtig gibt es im Burgenland 8 Druckorte mit vornehmlich Klein- und Mittelbetrieben. Schwerpunkt ist die Landeshauptstadt Eisenstadt. Es folgen Mattersburg, Neusiedl am See und Oberwart.

Kärnten

Man verzeichnete fast schon die Mitte des 17. Jahrhunderts, ehe es zur Gründung der ersten Offizin in Kärnten (Klagenfurt) kam.

1640 **Johann Paltauf** in Klagenfurt (bis 1646)
Er kam 1640 nach Klagenfurt, nachdem er schon in Linz (1634–1638) gedruckt hatte. Paltauf war nur als Landschaftsbuchdrucker beschäftigt.
1689 **Mathias Kleinmayr** (bis 1726)
Er war aus München gebürtig und kam über Graz nach Klagenfurt, wo er zunächst nur Amtsdrucksorten herstellte. Nachfolgerin war seine Witwe **Maria Eva Kleinmayr** (1726–1728), dann folgten der Sohn **Johann Friedrich Kleinmayr** (1728–1749), dessen Witwe **Maria Christina Kleinmayr** (1749–1769) und weitere Verwandte.

Von den 12 Druckorten des Bundeslandes Kärnten ist die Landeshauptstadt Klagenfurt als der bedeutendste anzusprechen; dies gilt auch für das Pressewesen des Landes. Es folgen Villach und Spittal an der Drau.

Niederösterreich

1501 **Unbekannter Drucker** in Schrattenthal
Es ist bisher nur 1 Druck nachgewiesen.
1570 **Protestantische Druckerei in Stein an der Donau**
Sie war im Scheibenhof bei Stein untergebracht. 1571 mußte sie in die Rosenburg am Kamp übersiedelt werden (bis 1576).
1580 **Protestantische Druckerei** im Schloß Wildberg bei Horn (bis 1622)
1582 **Christoph Meyer in Wiener Neustadt**
1618 **Peter Gat** in Poysdorf
1666 **Hieronymus Verdussen** aus Antwerpen im Schloß Pottendorf (bis 1669)
1676 **Christian Walter** in Krems (bis 1707)
Ihm folgten **Johann Jakob Kopitz** (1708–1730), dann **Ignaz Anton Präxl** (1731–1767) und dessen Erben.

Gegenwärtig weist Niederösterreich 70 Druckorte aus. Diese Anzahl wird von keinem anderen Bundesland erreicht, zu den Schwerpunkten in Niederösterreich zählt man St. Pölten, Horn, Wiener Neustadt, Krems an der Donau, Tulln, Mödling, Baden und Vöslau. Einige Druckorte sind von ähnlicher Bedeutung, darunter Melk, Purkersdorf und Spillern. Zu vermerken ist, daß gegenwärtig Wiener Betriebe – mitunter sind es Großbetriebe – aus Gründen der besseren Organisation in das Nahgebiet der Bundeshauptstadt übersiedeln. Die neuen Druckorte sind Korneuburg, Wiener Neudorf, Himberg, Deutsch Wagram, Gerasdorf.

Oberösterreich

1615 **Johann Planck** in Linz (bis 1627)
Er kam aus Erfurt, auf Veranlassung von Johann Kepler, als Drucker nach Linz. Planck beabsichtigte den Druck einer wöchentlich erscheinenden Zeitung. Insgesamt werden ihm 72 Drucke zugeschrieben.

1636 **Gregor Kürner** in Wels und Linz bis (1641)
Er kam aus Salzburg über Augsburg nach Wels (1636—1638), von wo er nach Linz übersiedelte (1638—1641). Kürner übernahm die Rechte als Landschaftsbuchdrucker von Johann Paltauf.

1692 **Franz Zachäus Auinger** in Steyr (bis 1702)
Es wird ihm der Druck von 18 Werken zugeschrieben. Auinger übersiedelte nach Linz und führte die Offizin bis zu seinem Tode (1730).

In Oberösterreich gibt es derzeit 51 Orte mit graphischen Betrieben, die zweitgrößte Anzahl von Offizinen in einem Bundesland. Der Mittelpunkt — gekennzeichnet von Großbetrieben und gleichzeitig auch das Pressezentrum — ist die Landeshauptstadt Linz. Ihre Betriebskapazität hat aus gesamtösterreichischer Sicht Bedeutung. Zweitgrößte Druckstadt Oberösterreichs ist Wels. Dann folgen Ried im Innkreis, Braunau am Inn, Eferding, Gmunden, Mattighofen, Steyr und Vöcklabruck.

Salzburg

Die Druckzeit in Salzburg beginnt relativ spät. Es fällt weiterhin in der Chronik auf, daß im Verlaufe des 16. und 17. Jahrhunderts nur in der Landeshauptstadt Offizinen entstehen. Dies deutet zweifellos auf die Nähe und den Einfluß der großen Druckstädte Augsburg, Regensburg und Nürnberg.

1550 **Hans Baumann** in Salzburg (bis 1557)
Er war aus Rothenburg ob der Tauber, kam über Erfurt und Augsburg nach Salzburg. In seiner Offizin druckte er als erstes Werk den Lobspruch des Hans Sachs auf Salzburg. Es sind 9 Drucke bekannt.

1656 **Johann Baptist Mayr** in Salzburg (bis 1708)
Er übernahm eine kleine Offizin und entwickelte sie zu einem Betrieb, der im Raume Salzburg Bedeutung hatte. Er gab zwei Zeitungen heraus und stellte über 200 Werke her. Die Offizin wurde in der Familie weitergeführt.

Im Bundesland gibt es gegenwärtig 18 Orte mit graphischen Unternehmen. In der Größe überragt die Landeshauptstadt durch die Anzahl der Betriebe und bildet auch das Pressezentrum des Landes. Es folgen Zell am See, dann Saalfelden und Hallein.

Steiermark

1559 **Alexander Leopold** in Graz (bis 1562)
Er war Grazer; es sind einige Drucke, meist protestantischen Inhalts, bekannt. Nachfolgerin wurde seine Witwe (1562–1563), sie heiratete **Andreas Franck** (1563–1575), der die Offizin weiterführte. Etwa 25 Drucke sind bekannt.

1586 **Georg Widmanstetter** (bis 1618)
Er kam aus Nellingen bei Ulm, war in München bereits als Setzer tätig. Widmanstetter wurde als Hofbuchdrucker angestellt und war der erste katholische Drucker in Graz. Er hat 177 Werke gedruckt. Nachfolger wurde der Sohn **Ernst Widmanstetter** (1618 bis 1635). Ihm folgten seine Söhne **Ferdinand und Franz Widmanstetter** (1635–1664). Nach dem Tod von Franz führte Ferdinand (1664–1668) allein den Betrieb.

1668 **Widmanstettersche Erben** (bis 1806)
Die Offizin wurde an **Andreas Leykam**, der seit 1781 – nach Erlöschen des Privilegs – eine Druckerei betrieben hatte, übergeben.

Von den 31 Orten mit graphischen Betrieben dominiert eindeutig die Landeshauptstadt Graz. Die Ursache dafür liegt in der historischen Entwicklung. Gegenwärtig zählt Graz durch seine leistungsfähigen Groß-, Mittel- und Kleinbetriebe zu den wichtigsten Druckorten Österreichs. Es folgen kleinere Druckorte wie Bruck an der Mur, Judenburg, Leoben und Mürzzuschlag.

Tirol

1521 **Josef Piernsieder** in Schwaz und Vomp (bis 1526)
Er leitete eine Offizin, die von Jörg und Hans Stöckl – sie besaßen Silber- und Kupfergruben – in Schwaz gegründet worden war. 21 Drucke sind bekannt.

1548 **Leonhard Roßnagel** in Innsbruck (bis 1549)
Er wurde als Drucker von der Landesregierung angestellt. Es ist nur 1 Druck bekannt.

1639 **Michael Wagner**
Durch Heirat der Witwe Maria erwarb er die Offizin Gäch (diese bestand seit 1626). 1649 erhielt er die Erlaubnis zur Herausgabe einer Wochenzeitung, 1668 wurde er Hofbuchdrucker. Nachfolger wurde sein Sohn **Jakob Christoph Wagner** (1669–1701). Er erhielt von Kaiser Leopold I. ein Privileg auf Zeitungs- und Kalenderdruck, das später erneuert wurde. Die Offizin blieb in Familienbesitz. So besteht in Fortführung des Betriebes die heutige Wagner'sche Univ.-Buchdruckerei seit mehr als 300 Jahren.

Im Bundesland Tirol gibt es gegenwärtig 22 Druckorte. Überragend ist die Stellung der Landeshauptstadt Innsbruck. Sie ist einer der hervorragendsten Druckorte Österreichs, gekennzeichnet durch leistungsstarke Betriebe. Der Landeshauptstadt am nächsten kommt Kufstein.

XI Vorarlberg

Bei der Betrachtung der Vorarlberger Druckchronik fällt der späte Beginn der Offizinsgründungen auf. Darin ist die große Bedeutung und Einheit der Druckkunst im Bodenseeraum und im nahen Süddeutschland und deren Ausstrahlung auf das Nachbarland Vorarlberg zu erkennen.

1616 **Bartholomäus Schnell d. Ä.** in Hohenems (bis 1649)
Er war Drucker in Rohrschach und wurde durch Graf Kaspar von Hohenems hierher berufen, um die gräfliche Buchdruckerei zu leiten. Schnell hatte vornehmlich die Herstellung der Emser Chronik zu bewerkstelligen.

1658 **Bartholomäus Schnell d. J.** in Bregenz (bis 1694)
Er kam aus Hohenems als Sohn des dortigen Buchdruckers Bartholomäus Schnell d. Ä. Wahrscheinlich hat er auch zeitweise in Hohenems gewirkt (1650—1655) und scheint wieder 1678 mit einem Druck auf. Einige Werke sind bekannt.

1666 **Johann Georg Barbisch** in Feldkirch (bis 1672)
Geboren in Bludenz, kam er über Luzern nach Feldkirch. Ab 1672 arbeitete er in Chur. Einige Drucke sind bekannt.

Im Bundesland Vorarlberg gibt es 14 Druckorte. Wiewohl die Landeshauptstadt Bregenz an erster Stelle steht, ist die Konzentration auf ein Ortsgebiet nicht so gekennzeichnet wie etwa in der Steiermark. Diese Ausgeglichenheit spiegelt sich auch wider in der Anzahl der bedeutenden Druckorte des Landes, wie Dornbirn, Feldkirch, Lustenau, Bludenz, Hohenems und Rankweil.

Zeittafel

1461 *Wien*, Ulrich Han (?)
1482 *Wien*, unbekannte Drucker
1492 *Wien*, Johannes Winterburger
1501 *Schrattenthal* (Niederösterreich), unbekannter Drucker
1521 *Schwaz* (Tirol), Josef Piernsieder. Dieser auch in Vomp (1524)
1550 *Salzburg* (Salzburg), Hans Baumann
1559 *Graz* (Steiermark), Alexander Leopold
1582 *Güssing* (Burgenland), Johannes Manlius. Dieser 1587 in Eberau, 1592 in Deutsch Schützen, 1598 in Deutschkreutz (alle Burgenland).
1615 *Linz* (Oberösterreich), Johann Planck
1616 *Hohenems* (Vorarlberg), Bartholomäus Schnell d. Ä.
1640 *Klagenfurt* (Kärnten), Johann Paltauf

XI

Joseph II. erlernt das Drucken

Kronprinz Joseph (Joseph II.) erlernt das Drucken durch Johann Thomas Trattner in Wien

XII Kurze Bibliotheksgeschichte

Evangeliar (hl. Markus), das sogenannte Cutbercht-Evangeliar, geschrieben von dem südenglischen Schreiber Cutbercht (man beachte die Schrift: Vorkarolingische Minuskeln), um 770

XII Die Bibliotheken im Altertum

Ägyptischer babylonisch-assyrischer Kulturkreis

Der ägyptische Kulturkreis. Es gibt zahlreiche schriftliche Zeugnisse der Ägypter, die schon um 2800 v. Chr. eine Schrift — die Hieroglyphen — besaßen. Mit Sicherheit ist anzunehmen, daß die Papyrusrollen auch gesammelt wurden. Einwandfrei zu beweisen ist allerdings nur die Bibliothek im Horus-Tempel in Edfu in Oberägypten.

Hieroglyphen auf einem Felsengrab in Ägypten

Der babylonisch-assyrische Kulturkreis. Er hat uns wesentlich mehr schriftliches Kulturgut überliefert als der ägyptische Kreis. Das liegt wohl an der Dauerhaftigkeit der Beschreibstoffe, der Verwendung von Tontafeln, von denen wir mehr als 200.000 kennen. Die Tontafeln in der Größe von 16 × 24 cm tragen außer den Aufzeichnungen in Keilschrift vielfach Besitzvermerke — einem Exlibris entsprechend — und den Anfang des Textes der folgenden Tafel — Kustoden. Die Tontafeln wurden systematisch gesammelt, wozu bereits Kataloge dienten. Die größte Sammlung war die des Königs Assurbanipal (668—626 v. Chr.) in Ninive.

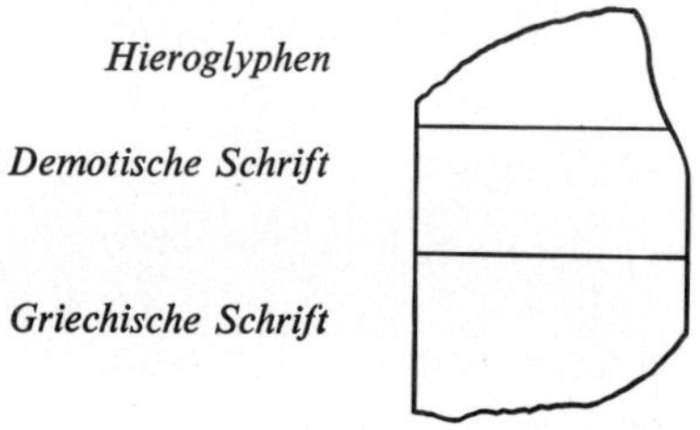

Der Stein von Rosette: Dreisprachenstein, gefunden im Jahre 1791 in Rosette (Unterägypten)

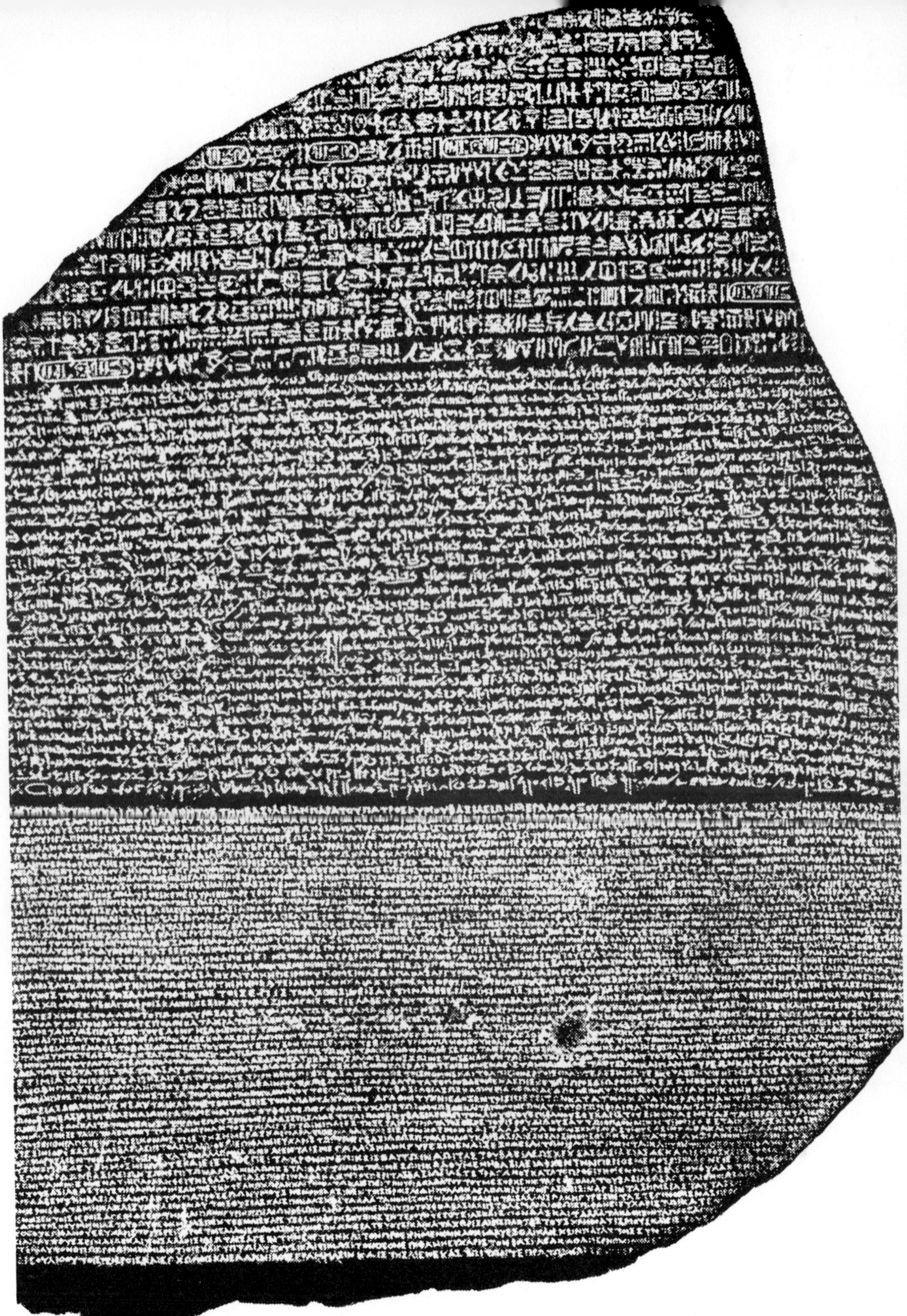

Griechischer Schreiber mit Schreibtafel und Papyrusrollen, Steinrelief

Der griechische Kulturkreis. Die größte Büchersammlung des Altertums war die in Alexandria. Als Gründer wird der Feldherr Alexandrias, Ptolomaios Soter, angenommen. Die Bibliothek, die etwa 700.000 Schriftrollen aufbewahrte, war in zwei Abteilungen gegliedert: eine innerhalb des Königspalastes, die andere, kleinere, diente gebildeten Ägyptern. Die Alexandrinische Bibliothek, an der die größten Gelehrten der Zeit arbeiteten, wurde 47 v. Chr. während der Eroberung Ägyptens durch Cäsar infolge eines Brandes zerstört.

Griechischer römischer Kulturkreis

Die zweite große Bibliothek im griechischen Osten war in Pergamon. Da sie im Wettstreit mit der Bibliothek der Ptolemäer in Alexandrien lag, sollen diese ein Ausfuhrverbot von Papyrus erlassen haben, was zur Erfindung von Pergament als Beschreibstoff geführt haben soll.

Unterricht in einer römischen Schule in Trier: Die Schüler lesen in Papyrusrollen

Der römische Kulturkreis. Die Römer prägten, besonders in der Zeit ihrer Weltherrschaft, das griechische Kulturgut in eine neue Form. Die ersten Bibliotheken — sie waren griechischen Inhalts — kamen in der Folge von Feldzügen um 150 v. Chr. nach Rom. Die vornehme römische Gesellschaft begann, Büchersammlungen zu schätzen; viele Privatbibliotheken wurden eingerichtet. Man kennt eine solche durch Ausgrabungen in Herculaneum.

Die erste öffentliche Bibliothek schuf im Jahr 39 v. Chr. Asinius Pollio in Rom. In der Kaiserzeit sind zahlreiche öffentliche Bibliotheken entstanden; allein in Rom sollen zur Zeit Konstantins achtundzwanzig bestanden haben.

Ein Bild der römischen Bibliothek aus der Zeit 107 n. Chr. vermitteln die Ausgrabungen österreichischer Archäologen in Ephesos (Kleinasien). Die Schriftrollen, mit Titelschildchen (tituli) versehen, waren in Holzschränken aufbewahrt und katalogisiert. Betreut wurden solche Bibliotheken von Gelehrten. Es ist überliefert, daß auch Cicero die Einrichtung seiner Bibliothek einem Fachgelehrten übertrug.

XII

Christliche Antike Mittelalter

Initiale fränkisch-sächsisch St. Denis 9. Jahrhundert

Romanische Initiale 12. Jahrhundert

Die christliche Antike. Die frühen Christen bewahrten gewiß Bücher der Hl. Schrift und Aufzeichnungen über Apostel und Märtyrer. Durch die Christenverfolgungen gingen fast alle diese Bücherbestände verloren; aus zirka 231 n. Chr. ist die frühchristliche Bibliothek in Caesarea in Palästina bekannt, die an 30.000 Rollen umfaßt haben soll.
Die Anerkennung des Christentums durch Konstantin eröffnete die Möglichkeit zum Aufbau von Kirchenbibliotheken.
In der ausklingenden Antike wurde die Hauptstadt des Oströmischen Reiches, Byzanz, immer mehr zum kulturellen Mittelpunkt des Abendlandes. In diese Zeit fällt auch die Änderung der Form des Buches: aus der Rolle wurde der Kodex. Die 354 gegründete Staatsbibliothek des oströmischen Reiches bestand bis 1453. Infolge der Eroberung Konstantinopels durch die Türken wurde die Sammlung zerstört. Einen der Pergament-Kodizes, die Dioskurides-Handschrift aus dem 6. Jahrhundert, bewahrt die Österreichische Nationalbibliothek.

Vom frühen zum späten Mittelalter

Der Untergang des weströmischen Reiches brachte einen Verfall der Kultur und damit der Büchersammlungen.

Mönchskultur. Zunehmend immer stärker wurde im Mittelalter das Bildungswesen zum Anliegen der Ordensgemeinschaften. So erwuchs das Benediktinerkloster Monte Cassino (529 gegründet) zu einem Zentrum abendländischer Kultur.
Die Gründung eines Klosters sah die Errichtung einer Schreibstube und einer Bibliothek vor. Die Bücher hatten überwiegend religiöse Inhalte, dazu kamen Lehrbücher, weniger die Werke der profanen Literatur. Zu den Kostbarkeiten von Domstiften und Klöstern zählten die

liturgischen Werke, die prachtvoll ausgestattet und gebunden wurden. Die Bibliotheken waren ausschließlich für den Gebrauch innerhalb der geistlichen Körperschaften bestimmt; die Öffentlichkeit hatte keinen Anteil.

Gemessen an den großen Bibliotheken der Antike war der Bücherbestand klein. So zählte beispielsweise die berühmte Klosterbibliothek von St. Gallen im 12. Jahrhundert nur etwa 1000 Bände. Interessant ist, daß schon in der ersten Hälfte des Mittelalters in Irland und England die Buchkultur zu hoher Blüte gelangte; Missionare haben im Zuge von Klostergründungen die insulare Buchkunst auf das Festland getragen (Fulda, 744).

Fränkische und Ottonische Kaiserzeit. In diesem Abschnitt vollziehen sich Höhepunkte des Buchschaffens. Ebenso gibt es – gegen Ende der Epoche – Veränderungen, wodurch der Bildungseinfluß der Hohen Schulen gegenüber den Klosterschulen an Bedeutung gewinnt.
Die Persönlichkeit Karls d. Großen (742–814) prägte nicht nur die Gesamtkultur ihrer Zeit, sondern schuf auch eine Hochkultur des Buches und der Bibliothek, die in der Karolingischen Hof- und Staatsbibliothek ihre Krönung fand.

Verduner Altar (Nikolaus von Verdun, 1181) in Klosterneuburg, eines der bedeutendsten Emailkunstwerke des Abendlandes (Tafel: Das Opferlamm). Man beachte Stilmerkmale und Schrift

Ausschnitt mit Miniatur aus Wolfram v. Eschenbachs „Willehalm" (mhd,), Perg., 315 × 215 mm, Westdeutschland, 1320

Initiale aus der Wenzelsbibel, Pergament 530 × 365 mm, Hauptwerk der Wenzelswerkstätte, Prag 1390 bis 1400

NOEVE

Buchmalerei
(Landschaft mit Rahmen, Wappen und Titel)
Aus: Vues et perspectives differentes
du Comté du Hainault
14 Bände, 640 × 496 mm
1598–1602

Admonter Riesenbibel (Gebhardbibel), Buchgröße im Verhältnis zum Menschen. Salzburg, um 1150

In der Zeit der Ottonen bildeten die Klöster und Bischofssitze Mittelpunkte des Bildungswesens. Damit verbunden gedieh auch die Pflege des Buches. Es entwickelten sich bedeutende Schreibschulen, etwa in Regensburg, Freising, Tegernsee, Passau und Salzburg. Werke aus dieser Zeit bewahren in Österreich die Stiftsbibliotheken in Melk, Göttweig, Klosterneuburg, Admont, Gurk und Millstatt.
Die Klosterreform des 11. Jahrhunderts und die Auseinandersetzung zwischen kirchlicher und weltlicher Macht führten an der Wende vom 12. zum 13. Jahrhundert zu einem Rückgang der klösterlichen Bildung; anderseits mehrt dies den weltlichen Einfluß.
Wie ein begeisterndes Finale stehen am Ende der Epoche die großartigen Zeugnisse der Kultur der Gotik, die jedoch schon die Zeichen einer neuen Zeit – die des Forschens und Entdeckens, die Erfindung der Buchdruckerkunst – erkennen lassen.

Zeit der Renaissance und des Humanismus

Die neue Geistigkeit bediente sich des Buches einmal zum reinen Zweck des Studiums, zum anderen kommt es zu Büchersammlungen an Fürstenhöfen, die Kunstsinn zeigen. Es bildeten sich Universitätsbibliotheken und Fürstenbibliotheken.

XII

Universitäts-bibliotheken
Fürsten-bibliotheken
Barock
Aufklärung

Universitätsbibliotheken. Die ersten weltlichen Hohen Schulen, später Universitäten genannt, entstanden im 12. Jahrhundert in Salerno, Bologna und Paris, von deren Büchersammlungen die in Paris die bedeutendste war. Im 14. Jahrhundert kam es zur Gründung der Universitäten von Prag (1348) und Wien (1365). Schon im Stiftungsbrief hat Herzog Rudolf IV. eine öffentliche Bibliothek vorgesehen. Diese ist 1384 nachweisbar; allerdings ist sie nicht mit der heutigen Universitätsbibliothek vergleichbar, war doch die Entnahme der Handschriften nur den Lehrkräften vorbehalten.

Die Fürstenbibliotheken. Anders als an den Hohen Schulen vollzog sich das Sammeln von Büchern an Fürstenhöfen oder durch vermögende Bürger. Die Neigung zum Buch ließ viele, mitunter großartige Bibliotheken entstehen. Eine der frühesten war die Ludwigs IX. (gest. 1270) in der Sainte-Chapelle in Paris und die Bibliothek der Päpste in Avignon in Südfrankreich. Durch sie angeregt, schuf Karl IV. (gest. 1378) in Prag eine bedeutende Sammlung von Handschriften.
Im 14. Jahrhundert entstand auch die habsburgische Hofbibliothek, unsere heutige Österreichische Nationalbibliothek. Sie ist Herzog Albrecht III. (gest. 1395) zu verdanken, ihr Gründungsjahr: 1368.

Das gedruckte Buch. Die Erfindung Gutenbergs prägte entscheidend mit am Kulturbild des zu Ende gehenden Mittelalters und förderte die Bestrebungen einer beginnenden Neuzeit. Zweifellos wurde auch die Reformation zu einem wesentlichen Teil von der Möglichkeit des Druckens von Schriften und deren rascher Verbreitung getragen.
Für das Bücherwesen brachte das Buchdrucken — statt des Buchschreibens — eine Trennung der Herstellung von der Sammlung. War früher die Schreibstube des Klosters, der Hohen Schule oder des Fürstenhofes in Partnerschaft zur Sammlung, so ist die Offizin in sich geschlossen: Satz, Illustration, Druck, Bindung und Buchhandel.
Das gedruckte Buch leitet die Bildung der modernen wissenschaftlichen Bibliotheken ein. Die Schätze des Geistes mehrten sich so, daß die Unterbringung fraglich wurde und man an die Errichtung von Bibliotheksbauten denken mußte.

Zeit des Barocks und der Aufklärung

Die Auswirkungen des Dreißigjährigen Krieges auf das Buchwesen waren nachhaltig. Viele Bibliotheken und Privatsammlungen in Mitteleuropa waren vernichtet oder zur Kriegsbeute geworden.
Anders hingegen die Entwicklungen in West- und Südeuropa. Der Buchdruck und der Buchhandel blühten in den mächtigen Städten wie Antwerpen und Amsterdam. Frankreich verblieb die Führung im Buchwesen; die französische Sprache vermittelte Bildung und Kultur.
Im Zeitraum des Barocks erreichen in Österreich Kirche und Adel mit ihrer Prachtentfaltung künstlerische Höhepunkte.
Großen Einfluß auf das Buchwesen in Österreich übten die Schulreform Maria Theresias und die Aufklärung unter Joseph II. Die Schulreform war unmittelbarer Anlaß zum Druck von Lehrbüchern — wobei man wiederholt Johann Thomas Trattner begegnet — sowie die Gründung eines staatlichen Schulbücherverlages. Die im Gefolge der Aufklärung 1782 beginnenden Klosterauflösungen führten zur Verteilung reichhaltiger Bibliotheken, was zahlreiche Neugestaltungen der Bücherbestände ergab.

Fürstenbibliothek der Medici: Biblioteca Laurenziana, erbaut von Michelangelo Buonarroti (1475–1564) in Florenz

Von 1800 bis zur Gegenwart

Die gewaltigen Bewegungen in Europa an der Wende zum 19. Jahrhundert, vornehmlich die Französische Revolution mit ihren Folgeerscheinungen, haben das Geistesleben neu geordnet. Es setzte sich vor allem das Öffentlichkeitsprinzip der Bildungsstätten – somit auch der Bibliotheken – durch.

Zunächst übte die Bibliotheksreform Maria Theresias ihre Wirkung, ebenso wie die neuen geistigen Strömungen. Zu bedenken ist ferner, daß gerade dieser Zeitraum entscheidende Erfindungen und Entwicklungen, besonders auf dem Gebiete der graphischen Berufe, ausweist, die zu einem fast eruptiven Anwachsen der Buchproduktion geführt haben. Dadurch sind heute jedem die vielfältigsten Bildungsmöglichkeiten geboten.

Volksbücherei

Die mobile Bücherei, Inneres eines Bücherbusses

In einer Jugendbücherei

XIII Österreichische Bibliotheken

Die Österreichische Nationalbibliothek

Der Anfang war das kostbare Evangeliar des Johannes von Troppau Herzog Albrechts III. (1348—1395) aus dem Gründungsjahr 1368. Kaiser Friedrich III. (1415—1493) ließ die habsburgischen Bücherschätze sammeln und katalogisieren, Maximilian I. (1459—1519) vermehrte den Bestand mit wertvollen Handschriften und Werken der jungen Druckkunst, ebenso mit Landkarten und Globen. Zur Leitung der Hofbibliothek berief er den Gelehrten Konrad Celtes.

Ferdinand I. (1503—1564) gewährte, wohl eingeschränkt, die Möglichkeit der Benützung der Bibliothek durch die Wissenschaft. Im Jahre 1591 wurde der Bücherbestand auf 9000 Bände geschätzt. Der ausgezeichnete Präfekt Sebastian Tengnagel übersiedelte 1623 die Sammlung aus dem Minoritenkloster in die Hofburg. In der Zeit Leopolds I. (1640—1705) war der Bestand bereits auf 80.000 Werke angewachsen, der sich aus Privilegienexemplaren, Schenkungen, Nachlässen und durch Erwerbungen ergab und ständig mehrte. So war eine der bedeutendsten Erwerbungen im 17. Jahrhunderts der Kauf der 13.000 Bände umfassenden Sammlung des Augsburger Kaufmannes Philipp Eduard Fugger.

Die beengte Unterbringung in den Räumlichkeiten der Burg gab schließlich den Anlaß zum Neubau am Josefsplatz. Nach den Plänen von Johann Bernhard Fischer von Erlach, vollendet von dessen Sohn Joseph Emanuel, war der Bau zwischen 1723 und 1726 entstanden. Den Hauptteil bildet der herrliche Prunksaal; mit seinen Marmorsäulen, den Goldornamenten und den dunklen hölzernen Galerien, gekrönt von der Kuppel mit den Fresken von Daniel Gran, ist er der schönste Bibliothekssaal des Barocks. Der Mittelteil des Saales nimmt — mit den 15.000 Bänden der Privatbibliothek des Prinzen Eugen — 190.000 Werke auf.

Die immerwährende Mehrung des Buchbestandes durch das Zuströmen von Büchern aus den weiten Teilen der Monarchie — besonders infolge der Klosteraufhebungen unter Joseph II. (1782), die wertvollen Zuwachs an Handschriften und frühen Druckwerken ergaben — machte es notwendig, die Bibliothek durch Hinzunahme von Räumen in der Hofburg und im angrenzenden Augustinerkloster auszuweiten.

Bedeutende Persönlichkeiten haben diese großartige Sammlung geleitet und ihre Schätze bewahrt. Um zwei für viele zu nennen, wirkten als Präfekten Gerhard van Swieten (1745—1772) und Graf von Dietrichstein (1826—1845).

Die Verstaatlichung der Hofbibliothek vollzog sich am 6. August 1920, wodurch alle Sammlungen zur Österreichischen Nationalbibliothek vereint wurden. Gegenwärtig umfaßt die Nationalbibliothek, der — 1921 — noch die Porträt-Kupferstichsammlung und — 1922 — die Theatersammlung angeschlossen wurden, an die zwei Millionen Bände.

XIII

Österreichische Nationalbibliothek

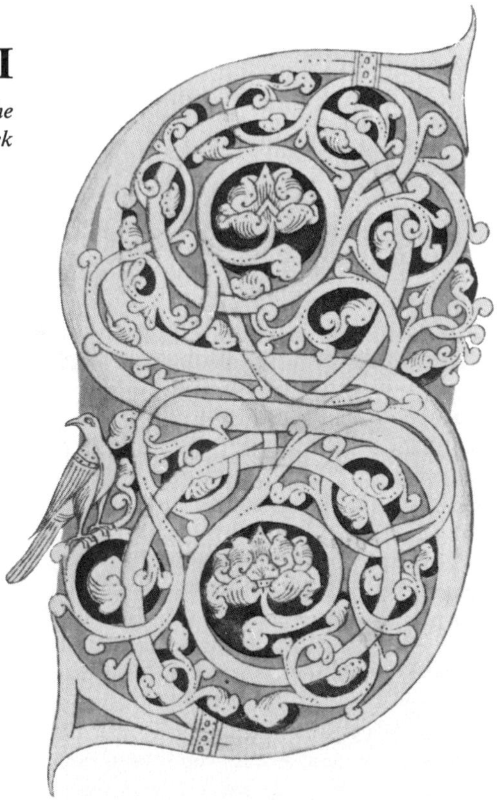

Initiale aus dem Antiphonar
Hauptwerk
der Salzburger Buchmalerei
St. Peter in Salzburg
um 1160

Prunksaal der Österreichischen Nationalbibliothek. Erbaut von Johann Bernhard Fischer von Erlach, vollendet von seinem Sohn Joseph Emanuel. 1723–1726. Zwischen den beiden Säulenpaaren befindet sich – als Krönung des Prunksaales – der Kuppelteil mit den Fresken von Daniel Gran (1694–1757), dem Hauptwerk des Meisters. Die Prachtentfaltung bei der Gestaltung des Raumes sollte die Kostbarkeit des Bücherschatzes ausdrücken und ihm einen glanzvollen Rahmen geben

XIII

Beispiel für Textillustration Dürer: „Die Philosophie“

Universitätsbibliothek: Großer Lesesaal in der Wiener Universität, erbaut von Heinrich Ferstel (1828–1883)

Die Wiener Universitätsbibliothek

Sie reicht in ihren Anfängen in das Jahr 1365 zurück, in dem im Stiftbrief Rudolfs IV. von einer „gemaine puechkammer" berichtet wird. Großen Zuwachs verzeichnete die Bibliothek der Hohen Schule im 15.Jahrhundert. Einen Höhepunkt erreichte die Sammlung am Beginn des 16.Jahrhunderts unter dem Humanisten Thomas Resch, um allerdings in der Folge rasch an Bedeutung zu verlieren.

Durch den Aufbau einer eigenen Gebrauchsbücherei durch die Jesuiten verlor die Universitätsbibliothek so sehr an Bedeutung, daß sie im Jahre 1756 aufgelöst wurde und ihr Bestand von etwa 3000 Werken an die Hofbibliothek überging.

XIII

Verschiedene Bibliotheken

Durch die Ordnung des staatlichen Bibliothekswesens in Österreich unter Maria Theresia wurde die Universitätsbibliothek im Jahre 1775 neu gegründet und 1777 eröffnet.
Zunächst in der Postgasse untergebracht, herrschte bald Raummangel. Erst im Jahre 1884 erfolgte die Übersiedlung der Bibliothek mit ihrem damaligen Bestand von 300.000 Bänden in die von Heinrich Ferstel 1873—1883 erbaute Neue Universität an der Ringstraße.
In den folgenden Jahrzehnten erlebte die Universitätsbibliothek eine Blütezeit. Unter Leitung von Ferdinand Grassauer (1884—1903) wurden die Bestände neu katalogisiert und ein Schlagwortkatalog begonnen. Der erste europäische Zeitschriftenkatalog entstand. Laufend wurden die Bibliothekare für das gesamte Gebiet des Staates ausgebildet. 1923 ergab sich ein Bücherstand von mehr als einer Million Bände.
Die Universitätsbibliothek in Wien ist die zur Zeit größte Sammlung Österreichs. Sie war bis über das Jahr 1945 hinaus die größte Universitätsbibliothek im deutschen Sprachraum.

Weitere Universitätsbibliotheken

Außer in Wien unterhalten die Universitäten in Graz, Salzburg und Innsbruck Bibliotheken. Sie wurden großteils um 1770 neu gegründet und mit den Buchbeständen der aufgehobenen Jesuitenbüchereien ausgestattet, zu denen noch Werke aus den aufgelassenen Klöstern kamen. Bemerkenswert ist die Geschichte der Salzburger Universitätsbibliothek, die bereits 1623 von Graf von Lodron gegründet und lange Zeit von Benediktinern geleitet wurde.

Studienbibliotheken

In Linz (seit 1774) und in Klagenfurt (seit 1775).

Weitere Bibliotheken

Neben den Universitätsbibliotheken dienen die Hochschulbibliotheken speziellen Bildungsrichtungen, ähnlich wie die Institutsbibliotheken und die Bibliotheken von Museen.
Landesbibliotheken bestehen in jedem Bundesland, Stadtbibliotheken in jeder Landeshauptstadt. Die Wiener Stadtbibliothek — die gleichzeitig Landesbibliothek ist — hat bedeutende Bestände an Verwaltungsliteratur, Werke der Stadtkunde, Sammlungen von Musikalien und Handschriften.
Außerdem gibt es noch die Städtischen Büchereien, Amtsbibliotheken und eine Reihe von Privatbüchereien.
Zum Abschluß seien die österreichischen Stiftsbibliotheken genannt, die außerordentliche Bücherschätze bewahren. Man denke beispielsweise an Admont, Melk und Göttweig, aber auch weniger bekannte, wie Altenburg oder Seitenstetten, bezeugen den Bücherreichtum Österreichs.

Bestandsübersicht

Die Bestände von Bibliotheken können nicht endgültig, sondern nur zeitbezogen ermittelt werden. Wie jede Sammlung verändern sie sich ständig durch Zugänge, Aufschließung und Bearbeitung der Bestände, ja nicht selten durch Entdeckungen. Die Arbeit, die innerhalb der Bibliotheken geleistet wird, hat maßgebenden Anteil an Wissenschaft und Kunst.

Stiftsbibliothek Admont. Der Ausschnitt zeigt Bücherschränke und eine Holzplastik von Thaddäus Stammel (1695–1765)

XIII

Bestandsübersicht

Beispiel eines mittelalterlichen Lesepultes Holzschnittillustration

Österreichische Nationalbibliothek: 2,100.000 Bände, 31.870 Handschriften (Buchbinderbände), 7.870 Inkunabeln (Buchbinderbände) — darunter befinden sich: 42zeilige Bibel (2 Bände), 36zeilige Bibel (3 Bände), Catholicon (2 Bände), Mainzer Psalter, Blockbücher und weitere bedeutende Werke der Frühdruckzeit — und die Papyrussammlung (100.000 Papyri).

Wiener Universitätsbibliothek: 3,830.000 Bände (1,830.000 Bestand der Hauptbibliothek) 1.076 Handschriften, 652 Inkunabeln. Geographische Karten-, Musiknotensammlung.

Wiener Stadtbibliothek: 320.000 Bände, Handschriften der Literatur, der Musik sowie Musiknotendrucke.

Bibliothek des Schottenstiftes in Wien: 150.000 Bände, 750 Handschriften, 430 Inkunabeln.

Augustiner-Chorherrenstift Klosterneuburg (Niederösterreich): 170.000 Bände, 1.250 Handschriften, 830 Inkunabeln.

Benediktinerstift Göttweig (Niederösterreich): 60.000 Bände, 1.000 Handschriften, 1.000 Inkunabeln, Graphiksammlung.

Benediktinerstift Melk (Niederösterreich): 72.000 Bände, 1.800 Handschriften, 800 Frühdrucke.

Zisterzienserstift Zwettl (Niederösterreich): 40.000 Bände, 900 ältere und jüngere Handschriften, 300 Inkunabeln.

Augustiner-Chorherrenstift St. Florian (Oberösterreich): 130.000 Bände, 800 Handschriften, 800 Inkunabeln.

Benediktinerstift Kremsmünster (Oberösterreich): 100.000 Bände, 1.700 Handschriften, und 790 Inkunabeln.

Benediktinerstift Lambach (Oberösterreich): 50.000 Bände, 870 Handschriften, 150 Inkunabeln.

Benediktinerstift Admont (Steiermark): 15.000 Bände, 1.100 Handschriften, 650 Inkunabeln.

Benediktiner-Erzabtei St. Peter (Salzburg): 110.000 Bände, 1.300 Handschriften, 920 Inkunabeln.

Benediktinerstift St. Paul im Lavanttal (Kärnten): 45.000 Bände, 1.300 Handschriften, 400 Inkunabeln.

Zisterzienserstift Stams (Tirol): 56.000 Bände, 60 Handschriften, 380 Inkunabeln.

Bibliothekssaal des Benediktinerstiftes Seitenstetten (Niederösterreich), erbaut von J. Munggenast und J. G. Hayberger, Deckenfresko von Paul Troger

XIII

Aus der Österreichischen Nationalbibliothek

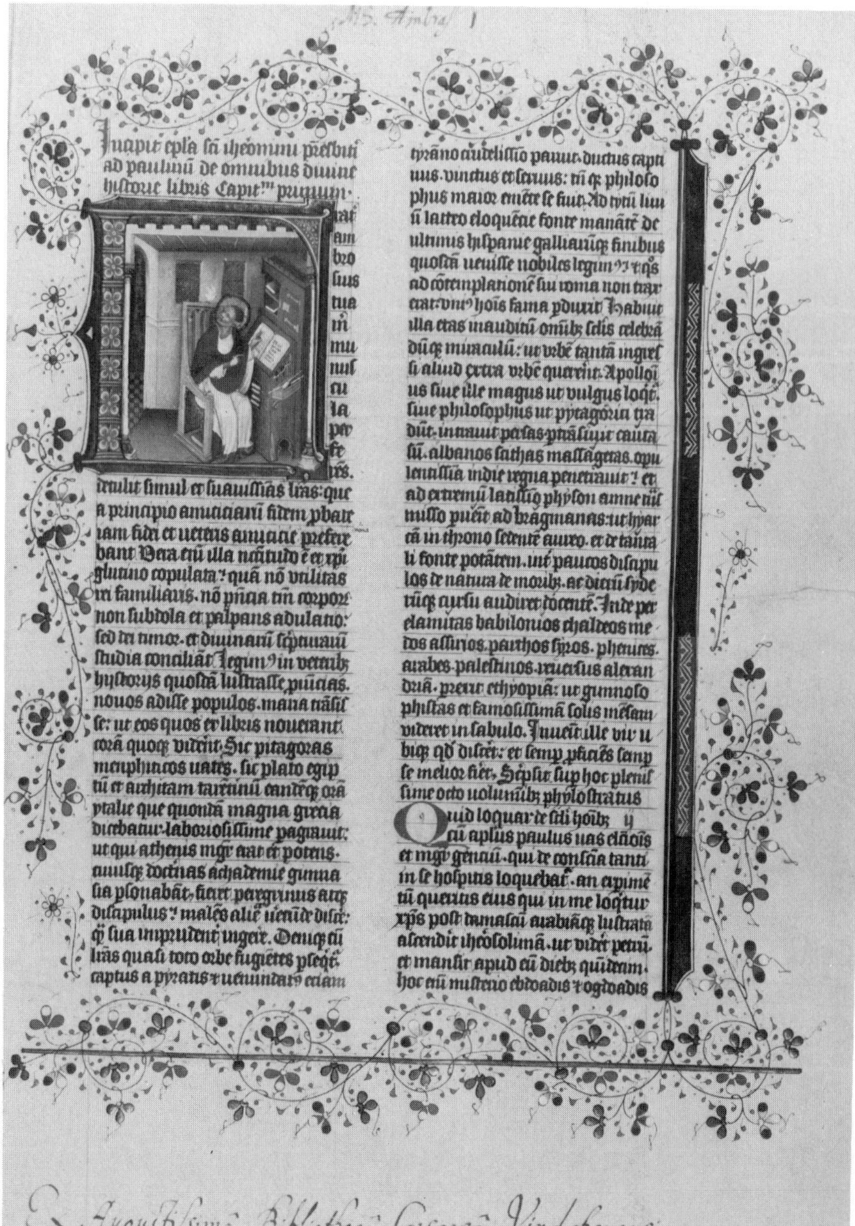

Bibel (lat.) mit reichem Schmuck (man beachte Schrift, Miniaturen, Initialen und Randornamente). Das Gesamtwerk umfaßt 4 Bände. Niederrhein, 1. Hälfte 15. Jahrhundert

XIII

Aus der Österreichischen Nationalbibliothek

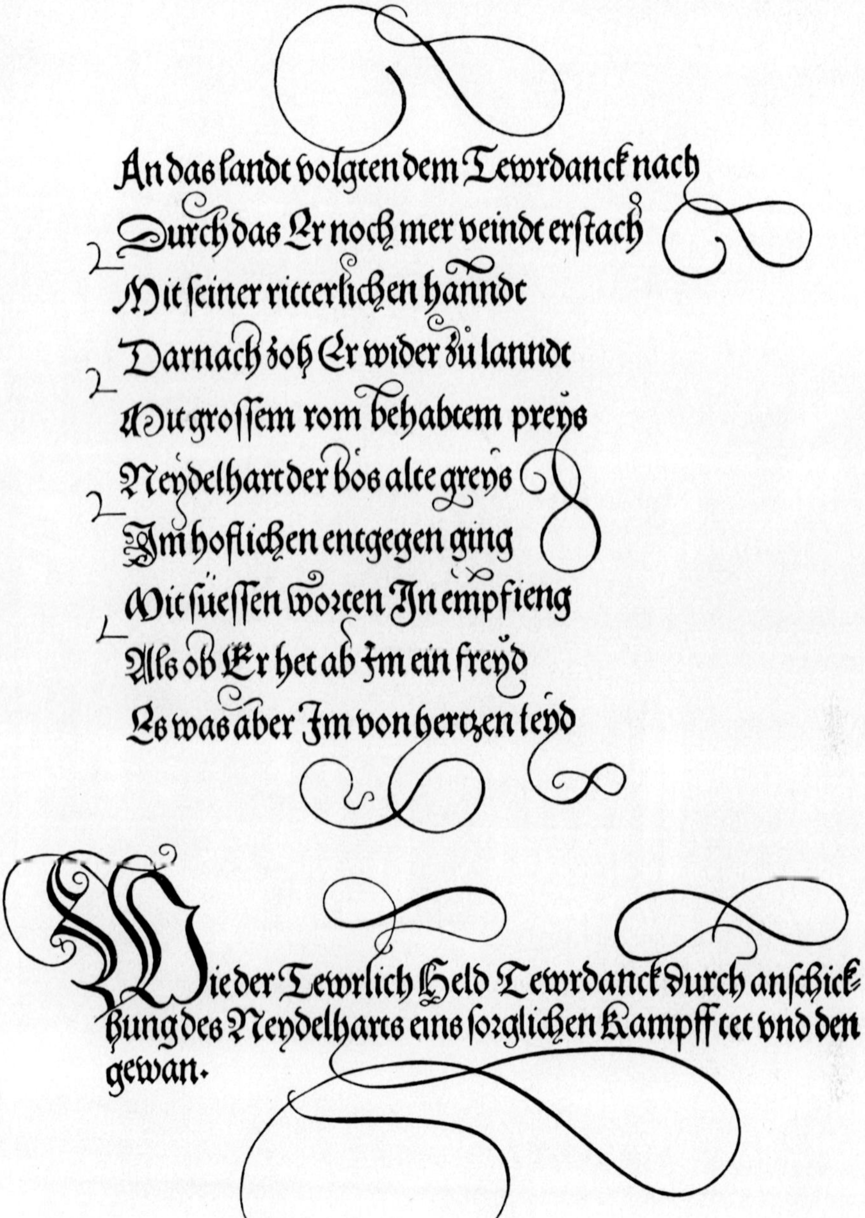
An das landt volgten dem Tewrdanck nach
Durch das Er noch mer veindt erſtach
Mit ſeiner ritterlichen hanndt
Darnach zoh Er wider zů lanndt
Mit groſſem rom behabtem preys
Neydelhart der bös alte greys
Im hoflichen entgegen ging
Mit ſüeſſen worten In empfieng
Als ob Er het ab Im ein freyd
Es was aber Im von hertzen leyd

Wie der Tewrlich Held Tewrdanck durch anſchickung des Neydelharts eins ſorglichen Kampff tet vnd den gewan.

„Theuerdank", ein Roman, der die Brautfahrt Maximilians I. zu Maria von Burgund beschreibt. Johannes Schönsperger, Augsburg 1517. Die Verzierungen sind an die Schrift angesetzt

Bibliothekssaal des Benediktinerstiftes Melk, Niederösterreich. Die Abtei ist die größte des Bundeslandes und zählt zu den großartigsten Barockbauten Europas. Erbaut von Jakob Prandtauer und Franz Munggenast in den Jahren 1726 bis 1737. Man beachte die Ausstattung, die Bücherschränke und die Deckenfresken von Paul Troger (1698–1762).

XIV Quellen, Literatur, Wort- und Bildregister

I Aus der Geschichte des Buches

Bogeng G. A. E., *Geschichte der Buchdruckerkunst*, 2 Bände. Demeter Verlag in Hellerau bei Dresden, 1941
Heilmayer Josef, *Buchkunde*. Verlag von Alfred Hölder, Wien 1920
Husein Mohamed A., *Vom Papyrus zum Codex*. Süddeutscher Verlag, München 1972
Lange Wilhelm, *Das Buch im Wandel der Zeiten*. Hanseatische Verlagsanstalt, Hamburg 1941
Rodenberg Julius, *Die Druckkunst im Spiegel der Kultur*. Druckgewerblicher Verlag, Berlin 1942
Ruppel Aloys, *Johannes Gutenberg*. Gutenberg-Museum, Mainz 1939
Steinberg S. H., *Die schwarze Kunst*. Prestel-Verlag, München 1958

II Die Entwicklung der Schriften – III Die Ziffern

Barthel Gustav, *Weltgeschichte der Schrift*. Deutscher Bücherbund, Stuttgart 1972
Faulmann Karl, *Illustrierte Geschichte der Schrift*. A. Hartlebens Verlag, Wien 1880
Kapr Albert, *Schriftkunst*. VEB Verlag der Kunst, Dresden 1971
Kunz Hannes, *Die künstlerische Schrift*. Martin-Herklotz-Verlag. Marburg an der Lahn 1961
Larisch Rudolf, *Unterricht in ornamentaler Schrift*. Österreichische Staatsdruckerei, Wien 1929
Muzika Frantisek, *Die schöne Schrift*, 2 Bände. Verlag Werner Dausien, Hanau am Main 1965

IV Die Herstellung des Satzes

Davidshofer Leo – Zerbe Walter, *Satztechnik und Gestaltung*. Bildungsverband Schweizerischer Buchdrucker, Zürich 1954
Duszler/Kolling, *Moderne Setzerei*. Verlag Dokumentation, München 1967
Fritsche Paul, *Der Schriftsetzer*. VEB Fachbuchverlag, Leipzig 1967
Genzmer Fritz, *Das Buch des Setzers*. Deutscher Verlag, Berlin 1954
Käufer Josef, *Das Setzerlehrbuch*. Otto Blersch Verlag, Stuttgart 1965
Renner Paul, *Die Kunst der Typographie*. Deutscher Verlag, Berlin 1953

V Die Reproduktionsphotographie

Croy Otto, *Reproduktion und Dokumentation*. Heering Verlag, Seebruck am Chiemsee 1962
Lehrbuch der Druckindustrie, Band 2, *Reproduktionsfotografie*. Polygraph Verlag, Frankfurt am Main 1967
Rebner Werner, *Die Rasterphotographie*. Polygraph Verlag, Frankfurt am Main 1967

VI Die Herstellung der Druckformen

Eggen Hanns, *Einführung in die Lithographie.* Kessler & Co., Wien 1968
Hake, Heissler (Goeschen), *Karthographie I und II.* Walter de Gruyter u. Co., Berlin 1976
Stigler Anton, *Handbuch der Reproduktionstechnik*, Band II, Chemigraphie. Polygraph Verlag, Frankfurt am Main 1966

VII Die Druckverfahren

Cermak Werner, *Lehrbuch für den Siebdruck.* VEB Fachverlag Leipzig
Dutzi Wilhelm, *Druck*, 2 Bände. Österreichischer Gewerbeverlag, Wien 1964
Eggen Hanns, *Einführung in die Kopiertechniken.* Kessler & Co., Wien 1975
Ehlers Kurt Friedrich, *Siebdruck.* Georg Callwey Verlag, München 1972
Lehrbuch der Druckindustrie, Band 5, *Tiefdruck.* Polygraph Verlag, Frankfurt am Main
Leitfaden Flachdruck. Verband der Bayrischen Druckindustrie, München 1973
Walenski Wolfgang, *Einführung in den Offsetdruck.* Eggen-Fachbuchreihe, Hannover 1975

VIII Der Bucheinband

Dratva Karl, *Fachkunde für Buchbinder.* Österreichischer Gewerbeverlag, Wien 1964
Mazal Otto, *Europäische Einbandkunst aus Mittelalter und Neuzeit.* Akademische Druck- und Verlagsanstalt, Graz 1970
Wiese Fritz, *Der Bucheinband.* Max Hettler Verlag, Stuttgart 1964

IX Die Photographie

Feininger Andreas, *Das Buch der Photographie.* Econ-Verlag, Düsseldorf, Wien 1961
Feininger Andreas, *Farbfotolehre.* Wilhelm Heyne Verlag, München 1976
Gernsheim Helmut, *Die Fotografie.* Verlag Molden, Wien 1971
Grittner Richard, *Handbuch der Kamerakunde.* Verlag Luitpold Lang, München 1954
Schmidt/Dussler, *Gehilfenprüfung im Fotografen-Handwerk.* Knapp Verlag, Düsseldorf 1973
Solf Kurt Dieter, *Fotografie.* Fischer Taschenbuch 6034, Frankfurt am Main 1973

X Die Druckgraphiken

Brunner Felix, *Handbuch der Druckgraphik.* Arthur Niggli Ltd., Teufen 1972
Koschatzky Walter, *Die Kunst der Graphik.* Residenz Verlag, Salzburg 1972
Reißberger Karl, *Abc des Gummitonplattenschnittes*, Semperit, Wien 1964
Ziegler Walter, *Die manuellen graphischen Techniken*, 2 Bände. Wilhelm Knapp, Halle an der Saale 1923

XI Aus Österreichs Druckergeschichte

Lang Helmut W., *Die Buchdrucker des 15. bis 17. Jahrhunderts in Österreich.* Verlag Valentin Koerner, Baden-Baden 1972
Mayer Anton, *Wiens Buchdruckergeschichte*, 2 Bände. Wilhelm Frick, Wien 1887

XII Kurze Bibliotheksgeschichte

Hobson Anthony, *Große Bibliotheken der Alten und der Neuen Welt.* Prestel-Verlag, München 1970
Internationales Bibliotheks-Handbuch, 2 Bände. Verlag Dokumentation, München 1970
Lexikon des Buchwesens, 4 Bände, Herausgegeben von Joachim Kirchner. Hiersemann-Verlag, Stuttgart 1952 — 1956
Vorstius Joris, *Grundzüge der Bibliotheksgeschichte.* Harrassowitz, Wiesbaden 1969

XIII Österreichische Bibliotheken

Pongratz Walter, *Abriß der Bibliotheksgeschichte, Österreich.* Österreichisches Institut für Bibliotheksforschung, Wien 1976

Allgemeines

Alte und moderne Kunst (Fachzeitschrift). AMK-Verlag, Salzburg, Wien
Born Ernst, *Lexikon für die graphische Industrie.* Verlag Rudolf Mühlemann, Weinfelden 1972
Croy Peter, *Grafik, Form & Technik.* Musterschmidt, Göttingen 1969
Der Polygraph (Fachzeitschrift). Polygraph Verlag, Frankfurt am Main
Druckfarbenherstellung, BASF Farben & Fasern Ges. m. b. H. (Kast & Ehinger), Stuttgart
graphis (Fachzeitschrift). Graphis Verlag, Zürich
Graphische Revue Österreichs (Fachzeitschrift). Graphischer Bildungsverband, Wien
Graphische Sammlung Albertina, Wien. Kataloge
Hamann Richard, *Geschichte der Kunst.* Droemersche Verlagsanstalt, München 1951
Heimendahl Eckert, *Licht und Farbe.* Walter de Gruyter & Co., Berlin 1961
Hickethier Alfred, *Ein-Mal-Eins der Farbe.* Otto Maier, Ravensburg 1969
Hostettler Rudolf, *The printer's terms.* Zollikofer & Co., St. Gallen 1949
Itten Johannes, *Kunst der Farbe.* Otto Maier, Ravensburg 1961
Lexikon der graphischen Technik. VEB Fachbuchverlag, Leipzig 1966
Museum für angewandte Kunst, Wien. Kataloge
Österreichische Nationalbibliothek, Wien, Kataloge
Publikationen von Erzeugerfirmen und Niederlassungen
Trondt Leonhard, *Polygraph Dictionary*, Deutsch-Englisch / Englisch-Deutsch. Polygraph Verlag, Frankfurt am Main 1967
Wächter Otto, *Restaurierung und Erhaltung von Büchern, Archivalien und Graphiken.* Verlag Hermann Böhlaus Nachf., Wien-Köln-Graz 1975

C

D

E

F

G

H

I J

K

L

M

N

O

P

R

S

U

V

W

X Y Z

Reihe die schönsten Bücher Österreichs 1975.
Wissenschaftliches Werk (Archäologie, Ägypten)
Manfred Bietak; Tell el - Dab'a II,
235 × 305 mm (hoch), Satzspiegel 40 × 50 Cicero
Satz Monotype, Hieroglyphen, Handsatz.
Verlag der Österreichischen Akademie
der Wissenschaften.
Herstellung Adolf Holzhausens Nfg., Wien.

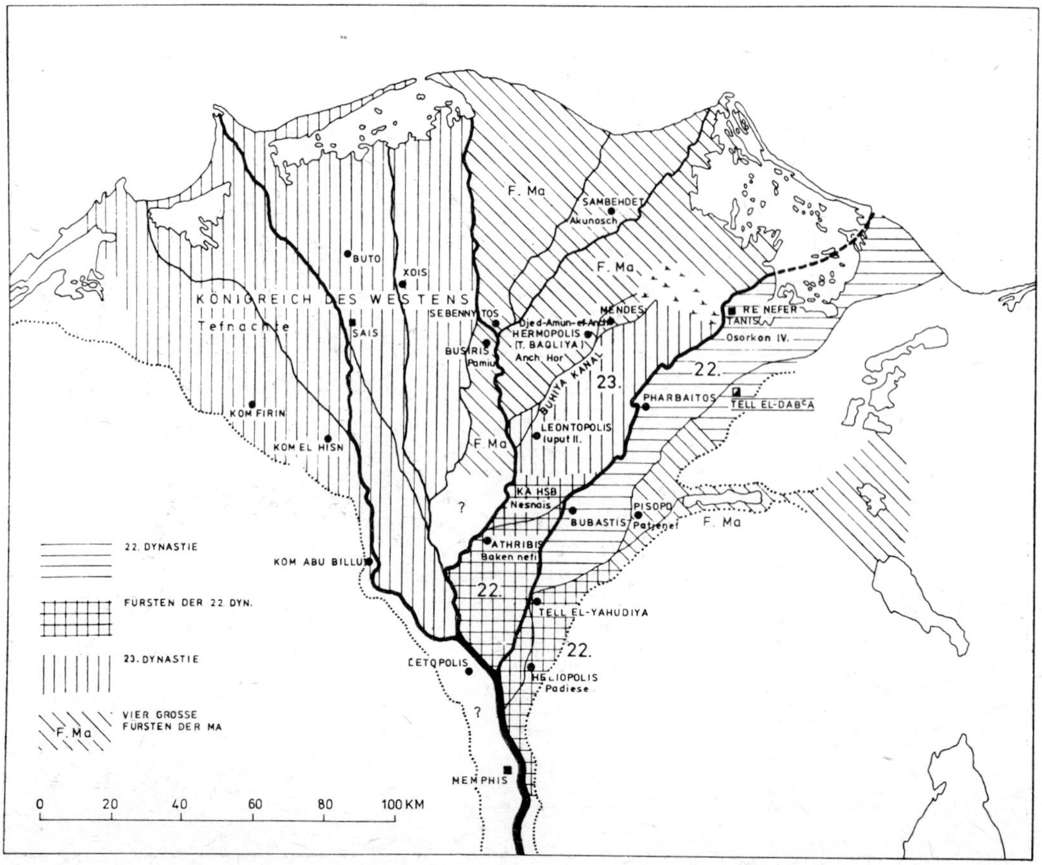

Abb. 36. Politische Karte des Deltas zur späten Libyerzeit. Nach K. A. Kitchen, *The Third Intermediate Period in Egypt* (1100 bis 650 B.C.), Fig. 5. *Late Libyan Egypt*, ca. 730 B.C., *time of Piankhi*, umgearbeitet.

Die Namen des XVIII. und des XIX. Gaues als *Vorderer* und *Hinterer Königskinder-Gau* legen, in Analogie zu ähnlichen Benennungen bei Gauteilungen während des Alten Reiches in Oberägypten, nahe, daß beide Territorien aneinandergrenzten. Eine von Heinrich Brugsch zitierte Nennung des Königskinder-Gaues ohne Zusatz *Vorderer* oder *Hinterer* muß tatsächlich als Hinweis aufgefaßt werden, daß der XVIII. und XIX. Gau einst ein gemeinsames geschlossenes Gebiet bildeten oder zumindest direkt aneinandergrenzten[705]. Diese Annahme könnte uns allerdings in geographische Schwierigkeiten bringen. Wenn man den XIX. Gau bis an die Grenze des XVIII. Gaues hinunter ausdehnte, müßte man das Territorium von Pharbaithos dazunehmen, das vielleicht einmal zum XI. Gau zählte[706]. Dieser Widerspruch in der territorialen Zugehörigkeit läßt sich jedoch mit der Herkunft der neuen Gaue aus administrativen oder politischen Einheiten erklären, die sich als solche, worauf Jean Yoyotte hinwies[707], nicht mit den traditionellen Gaugebieten deckten. Die Verbun-

[705] Der Königskinddistrikt steht im Tempel von Qurna jedoch nicht innerhalb der kanonischen Gaulisten. S. Heinrich Brugsch, *Die Geographie des Alten Ägyptens*, Taf. XII, Nr. IV. — Alan H. Gardiner, *JEA* 30 (1944) 39. — Jürgen von Beckerath, *Zweite Zwischenzeit*, 152, macht aufmerksam, daß bereits im Grab des Neheri von Beni Hassan dem Begriff *mꜣṭ Granit* von Elephantine das *jmtj Königskind* (des Königs von Unterägypten) als nördlichster Landesbezirk gegenübergestellt wird. Vgl. Percy E. Newberry, *Beni Hasan* I. *ASE*, Mem. 1. London 1893, Pl. 25 u. 33. — *Urk.* VII. 28. 18 (69—70), VII. 38. 14.

[706] Henri Gauthier, *DG* V, 151 u. IV, 26. — S. o. 156f.

[707] Jean Yoyotte, *Nomes*. In: Georges Posener, en collaboration avec Serge Sauneron et Jean Yoyotte, *Dictionnaire de la civilisation égyptienne*. Paris 1959, 190—192.